바이오필리아

BIOPHILIA
by Edward O. Wilson

Copyright © 1984 by the President and Fellows of Harvard College
All rights reserved.
Korean Translation Copyright © 2010 by ScienceBooks Co., Ltd.
Korean translation edition is published by arrangement with
Harvard University Press through Best Literary & Rights Agency.

이 책의 한국어판 저작권은 베스트 에이전시를 통해
Harvard University Press와 독점 계약한 (주)사이언스북스에 있습니다.

저작권법에 의해 한국 내에서 보호를 받는 저작물이므로
무단 전재와 무단 복제를 금합니다.

자연과 인간 15

Biophilia
바이오필리아

우리 유전자에는 생명 사랑의 본능이 새겨져 있다

에드워드 윌슨

안소연 옮김

사이언스 북스
SCIENCE BOOKS

동물들아, 보금자리로 조용히 가라.
전설의 임무가 너희들을 부른다.
— 토머스 킨셀라

추천사

생명도 알아야 사랑한다

이 책은 내가 윌슨 선생님의 제자가 되어 하버드에 둥지를 튼 이듬해에 출간되었다. 그 무렵 윌슨 선생님은 사석에서 '생명 사랑'에 대해 종종 실없는 농담을 하시곤 했다. 우리 인간에게는 생명에 대한 태생적인 사랑의 심성이 있으며 그를 조정하는 유전자가 '염색체 17번'에 존재한다는 것이다. 당시는 인간 유전체 계획(Human Genome Project)도 시작되기 전이었던 만큼 윌슨 선생님의 '염색체 17번' 설명은 전혀 근거 없는 것이었다. 다만 우리의 생명 사랑은 유전자에 새겨져 있는 본능적인 성향이라는 것이다.

윌슨 선생님이 직접 작명한 바이오필리아(Biophilia), 즉 생명 사랑이라는 말은 '생명(Bio-)'과 '좋아함 또는 호성(-philia)'의 조합어이다. 『살아 있는 것은 다 행복하라』는 법정 스님의 책이나 『생명이 있는 것은 다 아름답다』는 내 책에 흐르는 주제가 바로 생명 사랑이다. 생명 사랑은 윌슨 선생님이 1979년에 작명하고 그 개념을 널리 알린 '생물 다양성(biodiversity)'의 보전을 호소할 수 있는 가장 근본적인 대책으로 탄생한 개념이다. 생물 다양성의 고갈이 단순히 경제적 또는 사회 구조적인 재앙이 아니라 그보다 더 근원적인 인간 본성의 차원에서 다뤄져야 하는 문제라는 게 윌슨 선생님의 주장이다.

1987년 미국 기술 평가국(U. S. Office of Technological Assessment, OTA)이 의회에 제출한 보고서에 따르면 생물 다양성이란 "생물들 간의 다양성과 변이 및 그들이 살고 있는 모든 생태적 복합체들"을 통틀어 일컫는다. 1989년 세계 자연 보호 재단(Worldwide Fund for Nature)은 "생물 다양성이란 수백만여 종의 동식물, 미생물, 그들이 담고 있는 유전자, 그리고 그들의 환경을 구성하는 복잡하고 다양한 생태계 등 지구상에 살아 있는 모든 생명의 풍요로움이다"라고 정의했다. 현재까지 내려진 다른 정의들도 대체로 이와 비슷해 생물 다양성이란 일반적으로 지구상에 존재하는 생명 전체(Life on Earth)를 의미하는 것으로 볼 수 있다.

생물학자들은 지금 수준의 환경 파괴가 계속된다면 2030년경에는 현존하는 동식물의 2퍼센트가 절멸하거나 조기 절멸의 위험에 처할 것이며 이번 세기의 말에 이르면 절반이 사라질 것이라고 경고한다. 생물 다양성의 감소에 관한 이 같은 예측들이 나와 있어도 현대인의 대부분은 그 심각성을 피부로 느끼지 못한다. 물론 "예전에는 참 흔했는데 요즘엔 통 볼 수가 없어"라고 말하면서도 설마 그들이 우리 곁을 영원히 떠났을까 의아해 한다. 나는 그리 머지 않은 과거에 우리 곁을 떠난 한 동물을 알고 있다.

미국에서 박사 학위 과정을 밟던 1980년대 내내 나는 코스타리카와 파나마의 열대 우림을 드나들었다. 코스타리카 고산 지대의 몬테베르데 운무림 보존 지구(Monteverde Cloud Forest Preserve)에서 아스텍개미의 행동과 생태를 연구하던 시절 어느 날 밤 숲 속에서 나는 눈이 부시도록 아름다운 오렌지색의 황금두꺼비를 보았다. 어른 한 사람이 제대로 들어앉기도 비좁을 정도의 물웅덩이에 언뜻 세어 봐도 족히 스무 마리는 넘을 듯한 수컷 두꺼비들이 마치 우리 옛이야기 「선녀와 나무꾼」에 나오는 선녀들처럼 멱을 감고 있었다. 그들에게 방해가 될까 두려워 숨소리마저 죽인 채 나무 뒤에 숨어 그들을 관찰하는 내 모습은 영락없는 나무꾼이었다. 다만 그들이 수컷 선녀들이란 게 아쉬울 뿐이었다. 그들은 고혹적인 몸매를 뽐내려는 듯 다리를 길게 뻗기도 하고 물웅덩이에 첨벙 뛰어들어 헤엄을 치기도 했다. 그 해 1986년 나는 그들을 딱 두 번 보았고 그게 내가 그들을 본 처음이자 마지막이었다.

1960년대 중반 황금두꺼비를 처음으로 발견한 미국 마이애미 대학교의 양서파충류학자 제이 새비지(Jay Savage)는 온몸이 거의 형광에 가까운 오렌지색으로 뒤덮인 작고 섬세한 두꺼비를 보고 누군가가 그 두꺼비를 통째로 오렌지색 에나멜 페인트 통에 담갔다 꺼낸 것은 아닐까 의심했다고 한다. 깜깜한 열대 숲 속에서 손전등 불빛에 비친 황금두꺼비들을 보면 정말 그들이 실제로 존재하는 동물인가 되묻게 된다. 그런 그들을 과학자들이 마지막으로 본 것은 1989년 5월 15일이었다. 결국 국제 자연 보호 연맹(International Union for Conservation of Nature and Natural Resources, IUCN)은 2004년 그들을 완전히 절멸한 것으로 보고했다. 처음 발견된 시점으로부터 치면 불과 38년 동안 그저 10제곱킬로미터 넓이의 고산 지대에서 살다가 영원히 사라지고 만 것이다.

나는 2003년에 출간한 내 에세이집 『열대예찬』에서 "이럴 줄 알았으면 그들이 벗어 놓은 옷가지라도 한두 개 숨겨 둘 걸" 하는 나무꾼의 한탄을 늘어놓은 바 있다. 그들을 마지막으로 본 지 거의 사반세기가 지난 지금도 나는 중남미 열대림을 찾을 때마다 한밤중에 전조등을 이마에 두르고 숲 속을 헤맨다. 혹시 어딘가 꼭꼭 숨어서 살고 있는 그들을 만날 수 있을까 하여 하염없이 숲 속을 배회한다. 만일 그들을 찾더라도 세상에는 절대로 알리지 않겠다는 약속을 되뇌면서. 나는 황금두꺼비를 전공한 양서파충류학자도 아니고 특별히 그들을 지켜야 할 무슨 전생의 임무를 띠고 이 땅에 태어난 사람도 아니다. 그러나 그리도 아름다웠던 그들이 떠나고 없는 열대의 숲 속이 너무도 황량하게 느껴지는 걸 어찌할 수 없다. 그들이 사라진 이 지구라는 행성이 쓸쓸해 보인다고 하면 나의 지나친 호들갑일까?

내가 참으로 감명 깊게 읽은 동화가 있다. 유명한 프랑스의 동화작가 프랑수아 플라스의 「마지막 거인」에는 "별을 꿈꾸던 아홉 명의 아름다운 거인들과 명예욕에 사로잡혀 눈이 멀어 버린 못난 남자"의 불행한 만남이 시리도록 아프게 그려져 있다. 우연한 기회에 중앙아시아 깊은 숲 속에서 고작 아홉 명이 남아 조용하게 살고 있는 거인들을 발견하여 그들의 삶을 세상에 알려 일약 유명해지지만 결국 그로 인해 그들 모두 '채집'되는 안타까운 결과를 초래하고 말았다는 이야기이다. 그와 가장 가까웠던 거인의 머리가 축제의 마차 위에 실려가는 걸 보게 되는 주인공의 귀에 들려오는 너무도 익숙한 그 거인의 감미로운 목소리. "침묵을 지킬 수는 없었니?" 나는 그 거인을 직접 만난 적도 없지만 그의 죽음은 내게 크고 분명한 아픔으로 다가왔다.

윌슨 선생님이 말씀하시는 것처럼 '생명 사랑 유전자'가 있는 것은 결코 아니겠지만 나는 우리 인간에게 생명을 아름답다 여기고 보호하려는 심성이 존재한다고 믿는다. 예전에 먹고 살기 어렵던 시절에 우리는 언뜻 참새만 봐도 돌맹이부터 주워들었다. 하지만 그런 행동은 새들에 대해 알게 되면 차츰 사라진다. 우연히 날개를 다친 채 우리 집안으로 들어온 참새를 얼씨구나 하며 구워 먹는 사람은 거의 없다. 그런 참새의 작고 여린 몸을 손에 한번이라도 쥐어 본 사람은 더 이상 참새를 향해 돌을 던지지 않는다. 알면 사랑할 수밖에 없는 게 우리 인간의 속성이다. 생명에 대한 사랑도 보다 많이 알면 알수록 더욱 커지게 마련이다. 아무리 큰 거인이라도 우리가 감싸 주지 않으면 쓰러지듯이 생물학자인 내 눈에는 우리도 영락없는 자연의 일부이며 젠 체 하는 거인일 뿐인데, 왜 요즘 우린 그걸 자꾸 부정하려 드는지 알다가도 모르겠다. 자연의 몸통에 작살을 꽂으면 결국 우리도 함께 간다는 걸 왜 모를까? 다른 생명에 대한 사랑이 곧 나를 사랑하는 길이라는 게 그리도 어려운 개념인가?

　이 책에는 "윌슨의 가장 개인적인 책"이라는 설명이 붙어 있다. 그의 자서전 격인 『자연주의자』보다 이 책이 더 개인적이라는 말일까? 윌슨은 이 책에서 아직 밝혀지지 않은, 어쩌면 영원히 밝혀지지 않을 인간의 속성에 대해 과감하게 자신의 생각을 드러냈다. 지극히 객관적이고 합리적인 주장이 아니라 사뭇 주관적이고 감성적인 면을 드러내는 일은 자연 과학자로서 하기 어려운 일이다. 하지만 그가 그런 자칫 위험할 수 있는 일을 과감하게 단행한 이유는 그만큼 지구의 자연이 처한 위기가 심각하기 때문이다. 이제는 우리 정신 저 깊숙이 박혀 있는 생명 사랑의 본능을 일깨워야 한다. 그런 심성을 우리 인간이 가지고 있다는 사실을 모르고 있는 많은 이들이 이 책을 통해 새롭게 깨어나길 진심으로 바란다.

최재천

(이화 여자 대학교 에코 과학부 석좌 교수)

글을 시작하며

우리는 언제나 생명에 이끌린다

1961년 3월 12일, 나는 수리남의 베른하르츠도르프(Bernhardsdorp) 아라와크 부락에 서서 하얀 모래가 펼쳐진 수리남 해안의 숲 너머 남쪽을 바라보았다. 그 순간에 나는 어떤 감정에 휩싸였다. 그때 느낀 감정을 이해하기까지 20년이나 걸렸기 때문에 그 순간에 대한 기억은 다른 어떤 것보다 애절하다. 그 애절함은 시간이 흐를수록 더 강해졌다. 그러나 그 감정은 결국 그 감정이 무엇인지를 이성적으로 추론해 보는 것으로 바뀌었다.

이 성찰 대상은 '생명 사랑(biophilia, 생명 호성, 호생성 등으로도 번역할 수 있다.―옮긴이)'이라는 하나의 단어로 요약될 수 있다. 이제부터 '생명 사랑'을 '생명'과 '생명과 유사한 과정'에 가치를 두는 타고난 경향이라고 과감하게 정의하기로 한다. 일단 이 단어를 간략하게 설명한 후, 계속해서 광범위한 주제로 나아가겠다.

우리는 어릴 때부터 인간과 생물에 흥미를 느낀다. 우리는 생물과 무생물을 구분하는 법을 배운다. 또 나방이 현관 전등불에 모이듯이 생물에 이끌린다. 우리는 특히 신기하고 다양한 생물 세계를 높이 평가한다. 우리는 **외계**라는 단어만 들어도, 아직 조사하지 않은 생물에 대한 환상을 품게 된다. 이전 세대를 외딴 섬과 밀림 오지로 이끄는 힘을 발휘했던 단어인 **이국적** 대신, 이제 **외계**라는 단어가 힘을 발휘한다. '생명 사랑' 개념 중 상당 부분은 이제 분명해졌지만, 아직 추가할 부분이 많이 남아 있다. 나는 이 책에서 인간이 생명을 탐구하고 생명에 친밀감을 느끼는 것이 정신 성장에 필수적인, 심오하고 복잡한 과정임을 증명할 것이다. 아직 철학과 종교 분야에서는 이것을 그리 높게 평가하지 않고 있지만, 이러한 생명 사랑 경향이 우리의 존재를 좌우하고, 정신을 형성하며, 희망을 일으킨다.

또한 현대 생물학자들은 이전과는 전혀 다른, 세계를 보는 관점을 만들어 냈으며, 우연히도 이 관점은 생명 사랑이 지향하는 정신과 방향이 같다. 즉 본능이 이성과 같은 방향으로 작용하는 경우다. 내가 내린 결론은 다음과 같이 낙관적이다. 우리는 다른 생물들을 이해한 정도만큼 그 생물들과 우리 자신에 더 큰 가치를 부여하게 된다.

차 례

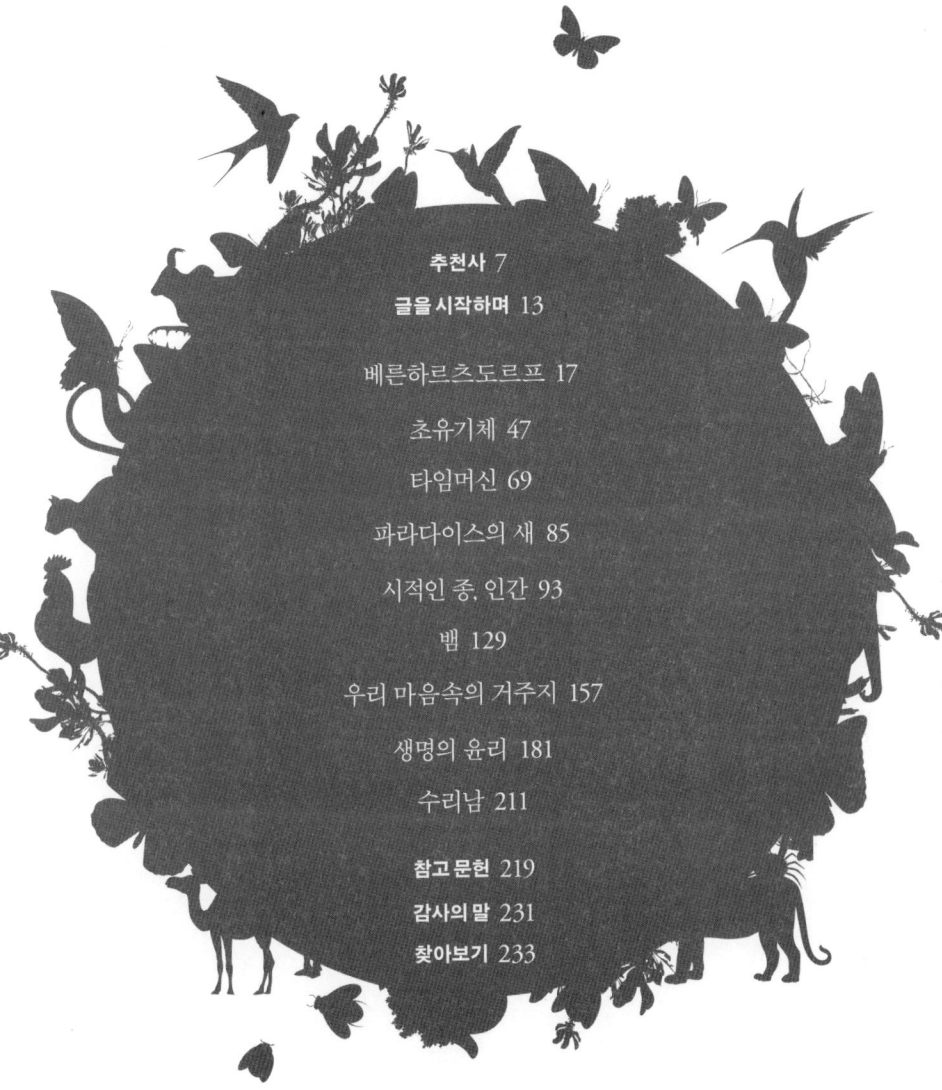

추천사 7
글을 시작하며 13

베른하르츠도르프 17

초유기체 47

타임머신 69

파라다이스의 새 85

시적인 종, 인간 93

뱀 129

우리 마음속의 거주지 157

생명의 윤리 181

수리남 211

참고문헌 219
감사의 말 231
찾아보기 233

베른하르츠도르프

수리남의 베른하르츠도르프에 갔을 때였다. 열대 기후의 어느 평범한 아침이었다. 햇볕은 강렬하게 내리쬐고, 바람도 불지 않고 공기는 습했으며, 생물들은 움츠리며 무언가를 기다리는 듯했다. 거대한 모루처럼 생긴 소나기구름 하나가 수평선 위에 펼쳐져 있다가 멀어져 작아지며, 아직 2~3주는 더 있어야 시작되는 우기를 넌지시 알렸다. 나무와 열대 목본 덩굴식물 사이에 작은 길 하나가 사라마카 강을 향해, 훨씬 더 멀리는 오리노코 분지와 아마존 분지를 향해 나 있었다. 이 부락 주위에 펼쳐진 삼림은 잔더레이층(Zanderij formation)의 투명한 모래 위에 형성되었다. 이 삼림은, 나무와 키 큰 덤불이 산재해 있는 초원인 '사바나'에 둘러싸인 작은 군도(群島)로서 시냇가의 숲과 습지로 구성되었다. 이 삼림은 남쪽으로 확장되어 레이스 모양으로 이어져 사바나를 분할했고, 이렇게 분할된 사바나는 숲과 습지로 이루어진 작은 군도로 바뀌었다. 그리고 어떤 보이지 않는 힘에 의해 출현한 것처럼 보이는 이 삼림은 차츰 세 겹의 수관(樹冠, 나무줄기 윗부분에 많은 가지와 잎이 달려 있는 부분 — 옮긴이)으로 이루어진 열대 우림이 되었다. 이 열대 우림은 경이로운 남아메리카 생태계 심장부에 있는 주요 서식지이다.

이 부락에서 한 여자가 무쇠솥 주위에서 천천히 걸어 다니며, 큰 칼로 솥 아래에 지핀 불을 휘저었다. 넓은 칼날에는 검댕이 묻었다. 통통한 몸집의 그녀는 30세쯤 되어 보였으며, 머리를 두 쪽으로 땋아 내리고, 새로 산 장미 꽃무늬 면 원피스에 맨발이었다. 예의를 차리려고 했기 때문인지 아니면 그냥 부끄럼을 탔기 때문인지 모르지만 여자는 겉으로는 내 존재를 모른 척했다. 나는 그곳에 있는 것이 어울리지 않고 아무 관계가 없는 낯선 사람으로서 길을 막 지나는 참이었다. 그녀가 관심을 기울일 필요가 있는 범위 밖에 있기도 했다. 여자 발밑에서 작은 아이가 막대기로 흙 위에 꼬부랑길을 그렸다. 이들 주위의 부락에는 집이 열 채뿐이었고, 집에는 방이 하나씩 있었다. 부락 주민들은 야자수 잎을 엮어 오늬무늬로 벽을 만들었다. 오늬무늬는 살색 사각형 바탕에 보기에 오른쪽 방향으로 진한 색 빗살무늬가 번개 모양을 이룬 형태였다. 이 디자인은 이 부락에 전시된 유일한 토산품이었다. 베른하르츠도르프는 수리남의 수도 파라마리보와 아주 가까워서 싸구려 공산품들이 많이 유입되었기 때문에 진정한 아라와크 족 부락 고유의 모습을 유지할 수가 없었다. 베른하르츠도르프는 이름처럼 문화 면에서도 식민지 시대 네덜란드 문화를 따랐다.

사람에게 길든 페커리가 그늘진 처마 밑에서 작고 동그란 눈으로 나를 뚫어져라 쳐다보았다. 나는 목에 줄무늬가 있는 종인 목도리페커리돼지(*Dicotyles tajacu*)의 특징을 분류학자가 하는 방식으로 기록했다. 목도리페커리돼지는 돼지만 한 몸집에 비해 머리가 매우 크고, 털이 거칠고 얼룩무늬가 나 있으며, 목둘레에는 연하고 가는 줄무늬가 있었다. 또 코는 끝으로 갈수록 가늘어졌으며, 귀는 빳빳하게 섰고, 꼬리는 매듭 모양으로 매우 짧았다. 매우 작은 무용수의 다리처럼 짧고 가는 다리로 균형을 잡고 있는 어린 수컷은 고대 갈리아 족이 만든 받침대 위에 놓인 철제 수퇘지처럼 시종 사나워 보였으며, 움츠리고 있지만 금방이라도 돌진할 준비를 하고 있는 것처럼 보였다.

돼지와 가까운 종인 페커리는 돼지와 마찬가지로 동물 중에 지능이 매우 높은 편에 속한다. 일부 과학자들은 페커리가 개보다 지능이 더 높으며 코끼리나 돌고래와 지능이 맞먹는다고 믿고 있다. 페커리는 열 마리 내지 스무 마리씩 무리를 지어 약 2.6제곱킬로미터의 영역을 쉴 새 없이 돌아다닌다. 이들은 어떤 면에서는 사회성 유제류(발굽이 있는 포유류 — 옮긴이)보다는 늑대나 개처럼 행동한다. 이들은 서로를 하나하나 알아보며, 털을 골라 주면서 자고, 움직일 때 서로 번갈아 짖는다. 성숙한 페커리들은 우위에 따른 서열을 이루는데, 보통 포유류 서열과는 반대로 이 서열 안에서는 암컷이 수컷보다 우위에 있다. 이들은 궁지에 몰리면 호저의 가시처럼 어깨 털을 곤두세워 무리 지어 적을 공격한다. 페커리 무리가 날카로운 송곳니로 다른 동물을 물어뜯으면, 그 동물의 뼈까지 드러날 때도 있다. 그러나 페커리는 어릴 때 사람에게 잡히면 쉽게 길들여지며, 사람들이 보호하고 구속하면 약해져서 야생에서와 같은 활약상을 보이지 못한다.

울타리에 갇힌 페커리를 보니 마음이 거북했다. 실은 거북하다기보다는 당황스러웠다. 이 어린 페커리는 사회적 행동을 한다는 흔적만 보였다. 말하자면 이 페커리는 해부학적으로는 완벽한 표본이었다. 하지만 이 페커리에게는 그 이상의 의미가 있었다. 이 페커리는 아주 오래된 환경에 적응하도록 프로그래밍된 존재였다. 원래 다른 어떤 동물과도 다른 목도리페커리돼지만의 고유한 방식으로 적응 방법과 기술을 배우고 그 오랜 시간 속에서도 살아남아 온 강력한 존재였다. 그런데 페커리가 이제 그 오래된 환경을 빼앗기고 부자연스러운 개간지 안에 갇혀 아무 소리도 내지 못하게 되었다. 이 페커리는 마치 인간이 답사하지 않은 세계에서 온 심부름꾼 같았다.

나는 그 부락에 단 몇 분 만 머물렀다. 나는 수리남에 서식하는 개미와 다른 여러 사회성 곤충(개체 간에 분업을 이루고, 각 개체가 협력해 종족 전체가 생활을 유지하는 곤충. 꿀벌, 개미, 흰개미 따위가 있다. — 옮긴이)을 연구하러 이곳에 왔다. 이 연구는 결코 쉬운 일이 아니었다. 보통 남아메리카 열대 우림에서는 1제곱마일(약 2.6제곱킬로미터)마다 개미와 흰개미 100여 종이 발견된다. 삼림에서 무작위로 뽑은 구획에서, 맥과 앵무새부터 작은 곤충과 선형동물에 이르는 모든 동물을 채집해 무게를 재 보면, 개미와 흰개미가 전체 무게의 3분의 1을 차지한다는 결과가 나온다. 열대 지방 어디에서나 눈을 감고 나무줄기에 손을 대고 있으면 가끔 기어 다니는 동물을 만질 수 있는데, 이런 동물 중 십중팔구는 개미다. 썩어 가는 통나무를 발로 차면 속이 드러나 보이는데, 이때 흰개미들이 쏟아져 나온다. 또 빵 부스러기를 땅에 떨어뜨리면 몇 분 후에 개미 한두 종류가 빵 부스러기를 끌고 개미집으로 향한다. 먹이를 찾는 개미들은 열대림에 서식하는 곤충과 다른 작은 동물을 잡아먹는 주요 포식 동물이며, 흰개미는 숲의 주요 부식 동물(腐食動物)이다. 개미와 흰개미는 동물들 사이에서 숲 전체 에너지의 상당량이 흐르는 파이프 역할을 하는 셈이다. 햇빛이 잎으로, 모충으로, 개미로, 개미핥기로, 재규어로, 구더기로, 부식토로, 흰개미로 차례로 전해지는 동안 열이 발산된다. 이 연결은 수리남 생명 공동체들의 거대한 에너지 네트워크를 구성한다.

    나는 야외 생물학자가 갖추어야 할 일반 장비를 가져갔다. 카메라를 챙겨 갔고, 작은 가방에 핀셋, 모종삽, 도끼, 모기약, 채집병, 알코올병, 공책 등을 넣어 갔다. 손잡이에 튼튼한 끈이 달린 20배 확대경도 챙겼고, 코 아랫부분까지 내려 쓰면 렌즈 일부분이 뿌옇게 되는 안경도 가져갔다. 땀이 나면 등에 달라붙는 카키색 셔츠도 준비했다. 당시 나는 숲에 관심이 있었다. 물론 나는 그때뿐만 아니라 평생 숲에 관심을 두고 있다. 도시를 사랑하는 폴 서로(Paul Theroux) 같은 작가들이 쓴 여행기에 대해 나 나름대로 평가를 내려 보았다. 이 작가들은 인간의 거주지를 사실상 세계 전체로 다루며, 이 거주지들 사이에 낀 자연 서식지를 인간에게 방해가 되는 걸림돌이라고 간주한다. 하지만 내가 찾아갔던 남아메리카, 오스트레일리아, 뉴기니, 아시아 등 모든 곳에서 나는 그들과 정반대로 생각했다. 밀림과 초원이 필연적인 목적지이며, 도시와 경작지는 사람들이 과거 언젠가 그런 목적지 사이에 만든 복잡한 미로일 뿐이다. 나는 이런 도시와 경작지에 둘러싸여 우연히 남은 녹지를 귀중하게 생각한다.

이전에 예루살렘 옛 시가지를 여행할 때 솔로몬의 옛 성전이 있던 자리에 서서 예리코길 건너 겟세마네의 어두운 올리브 나무들을 내려다보며, 그 그림자 아래에서는 어떤 팔레스타인 토착 동식물을 볼 수 있을지 생각한 적이 있다. "게으른 자여, 개미에게로 가서 그 하는 것을 보고 지혜를 얻으라."(「잠언 6장 6절」 — 옮긴이)라는 구약 성서 구절을 떠올리며 조약돌 길에 무릎을 꿇고 앉아, 개미가 구멍을 지나 지하 곡물 창고까지 씨앗을 운반하는 모습을 관찰했다. 구약 성서를 쓴 작가 역시 나처럼 개미가 먹이를 모으는 행동에 강한 인상을 받고 나와 똑같은 장소에서 똑같은 종을 보았을지도 모른다. 성전산을 지나 무슬림 구역을 향해 걸어가면서, 예루살렘 성벽 안에서 발견된 개미 종의 수를 속으로 계산해 보았다. 이런 엉뚱한 행동은 완벽한 논리에 따른 결과였다. 즉 예루살렘의 100만 년 개미의 역사는 최소한 지난 3000년 인간의 역사만큼이나 흥미롭다.

・・・

베른하르츠도르프에서 귀중한 순서대로 대상의 밝기가 달라지는 상상을 해 보았다. 그러자 내가 본 여자와 아이와 페커리는 눈부시게 빛나는 존재로 바뀌었다. 반면 이들이 사는 부락은 생명이 없는 검은색 원반이 되었고, 부락의 인공물도 거의 빛을 내지 않았다. 또한 삼림은 빛나는 기슭이 되었고, 조류와 포유류와 대형 곤충이 움직이는 빛으로 변해 여기저기에서 반짝반짝 빛났다.

숲으로 걸어 들어가서 모랫길로 통하는 작은 습지에 도착했다. 열대 식물 아래 그늘은 의외로 시원하다. 나는 세계의 범위를 2~3미터 거리로 한정해 보았다. 나는 잘 숨는 동물들을 찾을 수 있도록 심리 상태를 재구성했다. 자연주의자적 황홀경이라고 할까, 사냥꾼의 집중 상태라고 할까. 그런 상태에 빠지자 나는 이 장소와 이곳에 있는 보물이 모두 나만의 것이 되었으며 설사 불도저가 이곳을 밀어 버리더라도 영원히 내 기억에 남으리라고 생각했다.

편견을 버리자, 일상적으로 보고 만지던 주변의 자연 세계가 힘들게 일하고 있는 수많은 생물들로 가득하다는 사실을 알게 되었다. 이 자연 세계에서는 우리의 열정이 무의미해진다. 자연 세계의 역사에는 인간이 포함되지 않으며, 큰 사건도 기록되거나 평가되지 않는다. 자연은 친숙하지만 깊이 보면 이질적인 세계이다. 내가 사랑하게 된 이 세계에서 나는 한갓 나그네일 뿐이다. 나와는 아무 상관없는 이유로 진화의 수많은 결과물이 자연 세계에 모였다. 기나긴 신생대 역사의 유전 암호를 나는 알 수 없었다. 그렇게 생각하니 이상하리만치 마음이 가라앉았다. 호흡과 심장 박동은 줄어들고 집중력이 강해졌다. 내가 서 있는 곳 아주 가까운 숲 속에 무언가 특별한 것이 살고 있고 이제 곧 내가 그것을 발견하게 될 듯했다.

나는 2~3센티미터 주변의 땅과 식물에 주의를 집중하며, 동물들이 나타나기를 바랐다. 동물들은 변덕스럽게 모습을 드러냈다. 잎이 무성한 나무에서 청색모기가 내려와 동물의 맨살을 찾았으며, 얼룩덜룩한 날개가 달린 바퀴가 볕이 드는 나뭇잎에 나비처럼 사뿐히 앉았고, 황금색 털이 난 왕개미는 가로누운 썩은 통나무 위에서 이끼를 헤치며 행진했다. 내가 서서히 고개를 돌리자 이 모든 장면이 사라졌다. 이 모든 장면은 실제 존재하는 생물들이 연출하는 모습의 극히 일부분이었다. 이 숲은 생물학적 대혼란이다. 그러나 맨눈으로는 숲의 표면만 세밀하게 조사할 수 있었다. 보이지 않는 생물 수백만 마리가 1초마다 내 시야 안에서 죽어 가고 있었다. 이런 파괴는 조용하고 신속하게 이루어졌다. 시체가 뒹구는 일도 땅에 피가 흐르는 일도 없었다. 현미경으로만 볼 수 있는 생물을 포식 동물과 부식 동물이 생화학적으로 절단해 말끔하게 처리하고 흡수해, 매초 새로운 생물 수백만 마리가 생성되었다.

생태학자들은 '혼돈의 체제(chaotic regimes)'에 관해서 논의하고는 한다. 원래는 질서정연했던 과정을 뒤흔들고 생물을 좀 더 높은 단계로 변하도록 만드는 어떤 것 말이다. 나무로 뒤엉킨 비탈에 형성된 이 숲은 초원과의 경계였다. 숲은 생물의 바다였다. 그 안에서 나는 마치 잠수부처럼 여러 생물이 흩어져 있는 해저를 더듬듯이 돌아다녔다. 하지만 내 주위에 있는 부스러기, 생물 개체와 개체군이 모두 지극히 정확하게 활동하고 있다는 사실을 나는 알고 있었다. 두세 종은 공생 관계로 서로 얽혀 있었는데, 이 공생 관계가 매우 복잡하기 때문에 한 종을 없애면 다른 종이 서서히 멸종하게 된다. 이런 과정은 생물들이 공진화(共進化, 여러 종이 서로 영향을 주면서 진화하는 일. 충매화의 구조와 곤충의 입틀 모양의 진화 따위가 있다. — 옮긴이)에 적응한 결과이다. 즉 이런 과정은 생물의 생활사(life cycle, 생물의 개체가 발생을 시작하고 나서 죽을 때까지의 일생 — 옮긴이) 동안 상호 작용한 종들이 서로 유전적으로 변화한 결과인 것이다. 이런 숲에 자라는 나무 수백 종 중에 한 종류만 없애도, 수분(受粉) 매개 동물, 잎을 먹는 동물, 나무에 구멍을 뚫는 동물 몇 종류는 사라지고, 이 동물들의 기생 동물과 주요 포식 동물 다수도 사라지며, 아마 이 나무 열매를 먹고사는 박쥐나 새 한 종도 사라질 것이다. 과연 이러한 영향이 언제 끝날까? 아치이맛돌을 빼내면 아치가 무너지듯이 단 한 종만 없어져도 숲의 다양성이 대부분 파괴될지도 모른다. 그러나 약간의 변화만 생기는 국지적인 영향만 주고 말 가능성도 높다. 두 가지 가정 모두 그 영향은 현재 생태학자들이 예상하는 정도를 능가한다. 우리는 아직 그 구체적인 메커니즘은 잘 모르지만, 결국 모든 세부 사항이 중요하다고 볼 수 있다.

    현미경으로 봐야만 볼 수 있는 모세 혈관을 통해 혈액이 확산되듯이, 태양 에너지는 녹색 식물에 의해 고정된 후에, 생물 사슬을 통해 나뭇가지 모양을 따라 흐른다. 이러한 모세 혈관을 통해, 즉 수천 종의 생활사를 통해 생물들이 중요한 활동을 한다. 따라서 생태계를 구성하는 각 종들의 자연사를 알 수 없다면 생태계 전체 역시 전혀 알 수가 없다. 현장 생물학자는 이렇게 확신하며 진화의 외측 한계인 수리남 같은 곳을 찾는다. 다음의 예를 보자.

세발가락나무늘보는 중남미 도처의 저지 숲의 수관 높은 곳에 있는 나뭇잎을 먹고산다. 세발가락나무늘보의 털에 서식하는 작은 나방, 명나방의 일종인 크립토세스 콜로이피(*Cryptoses choloepi*)는 지구상의 다른 어느 곳에서도 찾아볼 수 없다. 세발가락나무늘보가 일주일에 한 번 바닥에 내려와 똥을 누면, 나방 암컷이 털을 잠깐 떠나 세발가락나무늘보가 방금 눈 똥에 알을 낳는다. 알에서 깬 애벌레는 실로 고치를 짓고 먹이를 먹기 시작한다. 3주 후에 애벌레는 성장을 끝내고 나방 성충이 되어 세발가락나무늘보를 찾아 숲 위로 날아간다. 세발가락나무늘보의 몸에 붙어살면서, 양분이 풍부한 배설물 위에 알을 낳는 크립토세스 콜로이피 성충의 행동으로 알을 깨고 나온 자손은 다른 수많은 분뇨 생물과의 경쟁에 유리해진다.

· · ·

태양이 작은 구름 뒤를 지나가면서 베른하르츠도르프의 삼림은 어두워졌다. 모든 경이로운 환경은 잠시 가려졌다. 태양이 다시 나타나고, 빛을 얼마나 받느냐에 따라 식물 표면의 생태적 지위가 결정된다. 식물 표면에는 집중적으로 빛을 받는 나뭇잎 윗부분과 나무줄기 사이 작은 협곡 같은 그늘진 부분이 있다. 햇빛은 바다에서처럼 위에서 아래로 침투하기 때문에, 나무줄기 가장 아래쪽의 깊숙한 곳, 가장 안쪽의 흙과 썩은 잎에는 영원히 햇빛이 들지 않는다. 태양이 움직이면서 빛이 세졌다 약해졌다 하는 동안 좀, 딱정벌레, 거미, 나무좀류 같은 동물들이 은신처에서 나왔다가 되돌아가기를 되풀이했다. 이들은 눈과 뇌에서 새겨진 수용 역치(생물이 외부 환경의 변화 즉 자극에 대해 어떤 반응을 일으키는 데 필요한 최소한의 자극의 세기. 문턱값이라고도 한다. — 옮긴이)에 따라 반응했다. 이 수용 역치는 일종의 여과 장치인 셈이다. 종마다 다른 이 여과 장치는 같은 빛에 대해서도 종마다 다른 반응을 보이게 했다. 이런 선천적인 조절 장치의 지시에 따라 각 종들은 신중하게, 그러나 자율적으로 행동했다. 이들은 자신의 생태적 지위 안에서 무의식적으로 경쟁 상대를 몰아냈고, 스스로의 개체군 수를 조절했다. 다른 동물들도 똑같이 그렇게 했다. 이런 균형을 이루기 위해서는 '분화'가 필요했을 뿐이지 이타주의는 필요하지 않았다. 공존은 경쟁을 피하다 저절로 생긴 결과로, 자연 선택의 우연한 부산물이었다. 진화가 이루어시는 긴 시간 동안 이 종들은 자신들의 환경을 자기들끼리 분할했기 때문에, 이제 각각 에너지가 흐르는 모세 혈관의 특정 부분을 두고 아주 약하게 서로를 견제했다. 이 동물들은 유전적으로 계속 변화해 경쟁 동물들을 피했으며, 자신들을 가차 없이 쫓는 포식 동물 종 무리에 맞서기에 적합한 유전적인 대항 수단을 마련했다. 그 결과 세발가락나무늘보 털 안에 사는 나방 같은 전문가들이 줄지어 나타났다.

...

이제 놀라운 본질 그 자체를 생각해 보자. 종의 다양성은 인류가 출현하기 전부터 형성되었고, 또 우리 인류 역시 종의 다양성 안에서 진화했기 때문에, 우리는 종의 다양성의 한계를 한번도 헤아리지 못했다. 그래서 인간은 끊임없이 자기 모순적으로 생물계를 인식하게 되었다. 우리가 지식을 쌓을수록, 생물에 대한 신비감이 깊어질수록, 우리가 더 많은 지식을 추구해 새로운 신비를 더 만들수록, 우리가 느끼는 경이감은 기하급수적으로 늘어난다. 인간의 타고난 특징처럼 보이는 이런 촉매 작용 때문에, 우리는 계속해서 새로운 장소와 생물을 찾아간다. 우리는 자연을 정복하겠지만, 완전하게 정복하지는 않았으면 좋겠다. 완전히 정복했다는 기분보다는 계속 전진하고 있다는 기분이 조용한 열정을 타오르게 하기 때문이다.

베른하르츠도르프에서 나는 이런 경이감을 내게 필요한 형태로 바꾸려고 했다. 자연주의자에 걸맞은 끝없는 세계를 생각했다. 나는 환상 속에서 사바나 삼림에 난 길을 보았으며, 사라마카 강으로 걸어가고, 수평선 너머 처녀림을 지나 마법의 이름을 딴 땅 예콰나(Yékwana), 히바로(Jívaro), 시리오노(Sirionó), 타피라페(Tapirapé), 시오나세코야(Siona-Secoya), 유마나(Yumana) 등을 이리저리 끝없이 답사하고 새로운 밀림의 오솔길과 습지에서 결코 빠져나오지 않는 상상을 했다.

다른 자연주의자들도 이와 같은 전형적인 이미지를 변주해 떠올렸으며, 신세계에서 식민지를 건설하면서 이런 이미지를 가장 생생하게 그렸다. 이러한 이미지는 미국 서부와 남아메리카의 가장 안쪽 구역을 횡단하는 동안, 멀어지는 계곡과 변경의 길에 분명히 나타난다. 이렇게 멀어지는 계곡과 변경의 길은 앨버트 비어슈타트(Albert Bierstadt, 1830-1902년), 프레더릭 에드윈 처치(Frederick Edwin Church), 토머스 콜(Thomas Cole, 1801-1848년)을 비롯한 19세기 화가들이 그린 풍경화 속에 나온다.

비어슈타트의 작품 「요세미티 계곡의 일몰」(1868년)에서처럼 계곡 경사면 아래에는 평평한 계곡 바닥이 펼쳐졌고, 바닥에는 사람 허리까지 오는 풀과 덤불이 나 있고 띄엄띄엄 나무가 자랐으며, 그 사이에 강물이 고요히 흘렀다. 태양은 수평선 부근에 걸려 있었다. 저무는 태양빛은 불그스레한 황금색으로 지표면을 물들이며, 계곡의 가까운 옆면을 따라 암녹색 그림자를 드리우기 시작했다. 깎아지른 암벽의 꼭대기 바로 아래까지 구름층이 내려왔다. 이 구름층은 계곡을 위협하기보다는 보호하듯이 감쌌다. 이 계곡은, 저쪽 끝을 지나 크게 굽이진 땅을 향해 뚫린 터널로 변모했다. 그 위에 있는 세계는 일몰 때문에 흐리게 보였다. 우리가 그 멀리까지 보려면 뚫어지게 응시해야 한다. 인간이 없는 이 계곡은 안전하다. 울타리도 오솔길도 주인도 없다. 몇 분 안에 우리는 강까지 걸어가서 텐트를 치고 그 후 강둑에서 조금 떨어진 곳까지 한가하게 답사할 수 있다. 여기에서 보이는 땅은 사람 크기 정도로, 문자 그대로 걸어서 몇 걸음밖에 안 되는 넓이이다. 연구할 만큼 큰 신기한 동식물이 스무 걸음 앞에 있다. 이 꿈 같은 그림이 시간을 앞으로 돌린다. 아침에는 어떤 모습일까? 인간의 역사는 아직 그리 오래되지 않았다. 인간은 정확한 지리학 지식의 한계를 훌쩍 너머 상상할 수 있다. 우리가 바랄 때면 언제든지, 우리는 계곡을 지나 반대쪽에 있는 미지의 영역으로, 아직 상상할 수 있는 불가사의한 분기점으로 나아갈 수 있다. 우리가 아직 상상할 수 있는 불가사의는, 깊이를 알 수 없는 골짜기와 끝이 없는 강, 애드거 앨런 포(Edgar Allan Poe, 1809-1849년)가 들뜬 마음으로 상상한 "어느 누구도 발견할 수 없는 형태의 빈틈과 동굴과 타이탄 숲"(시「이상향(Dreamland)」에서 — 옮긴이)이다. 빙하기에 지구 위에 남았던 생명 층과 마찬가지로, 이 미국 개척 시대의 변경 지대를 보면, 인간들을 이끌었던 예전 감정이 떠오른다. 아직 파괴되지 않은 서부 세계는, 허먼 멜빌(Herman Melville, 1819-1891년)이 『백경(Moby Dick)』에서 백마(White Steed)를 상징해 썼듯이, "아담이 신처럼 위엄 있게 거닐던 태고 시대의 영광을 되살렸다."

그리고 지금은 이런 이미지가 거의 사라졌다는 사실이 비극적으로 다가온다. 인간만큼 오래된 이 이미지는 우리가 사는 동안 희미해졌다. 세계의 야생 지역은 멸종 위험에 처한 생물이 서식하는 자연 보호 구역과 목재 임대 계약지로 축소되었다. 이런 상황은 우리에게 딜레마를 안겨 주었다. 역사학자 리오 마르스(Leo Marx)는 이 딜레마를 "정원의 기계(machine-in-the-garden) 딜레마"라고 불렀다. 자연계는 멀리 외딴 곳에 있는 조용한 정신의 은신처로서, 인간이 상상할 수 있는 것보다 더 풍부하다. 하지만 우리는 이 낙원을 해체하는 기계 없이는 낙원에 거주할 수 없다. 우리는 우리가 사랑하는 것과 우리의 에덴, 직계 조상과 무녀(巫女, sibyl)를 죽이고 있다. 인간은, 숲의 생태적 지위에서 떨어져 나와 인공물의 세계 안에 감금된, 우리 속의 페커리가 아니다. 문명의 때가 묻지 않은 천진난만한 원시인은 생물학적으로 볼 때 있을 수 없으며 결코 존재하지 않았다. 인간과 자연의 관계가 매우 미묘하고 양면적인 이유는 아마 이것 때문일 것이다. 사람의 마음은 수천 세대를 거쳐 성숙한 문화 속에서 진화했으며 상징과 도구를 통해 형성되었다. 또 인간은 환경을 계획적으로 변경함으로써 유전적인 혜택을 누렸다. 자연 선택의 결과인 뇌의 독특한 작용은 문화를 통해 여과되었다. 이 뇌의 독특한 작용 때문에 우리는 자연과 기계, 숲과 도시, 자연적인 것과 인공적인 것 등 정반대의 관념들 사이에서 머물며, 지리학자 투안이푸(段義孚)의 말처럼, "이 세계에는 없는 평형 상태"를 끊임없이 추구해 왔다.

따라서 베른하르츠도르프에서 내 생각은 계속 움직였다. 내 생각은 남쪽으로 사라마카 강 너머 지구상에서 오염이 가장 덜 된 아마존 분지 같은 깊은 곳까지 갔으며, 다시 빨리 북쪽으로 가서 수리남의 수도 파라마리보와 기계 문명이 가장 발달한 뉴욕까지 뻗쳤다. 나는 기계 덕분에 그곳까지 갈 수 있었다. 내가 문명의 편의를 이용하지 않고 자연에 맞서겠다고 한번이라도 진지하게 생각한다면, 곧 현실을 다시 인식하게 될 것이다. 생물의 바다와 같은 숲 속은 이곳을 방문하는 과학자들을 빠른 시간 내에 아미노산 분자로 분해해 버리려는 작은 혐오물로 가득 차 있다. 절지동물 매개 바이러스는 부주의한 침입자를 찾아가 엄청나게 다양한 학질과 설사를 일으킨다. 뎅기열에 걸리면 관절이 늘어나며 근육통이 일어난다. 피부 궤양은 가시에 긁힌 발목 위에 생긴 상처에서 시작되어 금방 바깥쪽으로 번진다. 침노린재속(*Triatoma*) 흡

혈충은 밤에 잠자는 사람의 얼굴에서 피를 빨아 먹고 샤가스병을 유발하는 치명적인 미생물을 남긴다. 이것은 분명 역사상 가장 불공평한 교환이다. 리슈만편모충증, 주혈흡충증, 삼일열, 필라리아증, 포낭충증, 회선사상충증, 황열병, 아메바성 이질, 출혈성 쇠파리낭종 등. 수세대에 걸친 진화로 생긴 이런 수백 가지 질병에 걸리면, 인간은 간이 손상되고 혈액에 기생충이 들끓게 된다. 그래서 여행을 낭만적으로 즐기려는 사람도 항말라리아 약품인 클로라퀸을 삼키고, 면역 작용 보조제인 감마글로불린 주사를 기꺼이 맞으며, 모기장을 치고 자고, 개울을 걸어서 건널 때 반드시 고무 장화를 신는다. 또 출발 당일 아침 랜드로버 차량에 기름을 충분히 넣고 나왔기를 바라며 캠프로 서둘러 돌아가 해질 녘에 따끈한 저녁 식사를 하려고 한다.

우리 조상들은 인간이 극복할 수 없는 딜레마 때문에 아무런 문제도 겪지 않았다. 수백만 년 동안 인간은 자신에게 있는 모든 것을 이용해 자연에 순진하게 달려들었다. 인간은 10제곱킬로미터도 안 되는 좁은 세계에서 식량을 찾아다니고 포식 동물들과 싸웠다. 수명이 짧은 인간은 늘 죽기를 두려워했으며, 자식을 낳아 기르는 일을 가장 시급한 과제로 여겼다. 여자들이 계속해서 아이를 낳았는데도, 아이들은 늘 죽어 가는 가족 구성원을 간신히 대체할 정도였을 뿐이기 때문이다. 인구는 평형 상태 안팎을 오갔으며, 때로는 한 무리 전체가 죽기도 했다. 자연은 인간에게 멀리 있는 어떤 것으로서, 이름도 제한도 없으면서, 인간이 공격하고 속이면서도 이용해 온 영향력이었다.

기계가 아무리 사정없이 공격한다고 한들 황야를 파괴할 수 없다. 기계 역시 자연에 비하면 지극히 약하기 때문이다. 그러나 아무튼, 기계를 이용한 인간들이 무지했기 때문에, 자연과 인공이라는 정반대 개념의 모호함이 인간 생존의 훌륭한 전략으로 작용했다. 이 전략으로 뇌가 유전적으로 점점 더 진화하게 되었으며 더 훌륭한 문화가 창출되었다. 처음에는 농부가, 그다음에는 기술자와 상인이, 그리고 배로 세계를 일주하는 사람들이 세계를 주도했다. 인류는, 자연과는 정반대인 기계를 향해 더 빨리 달려가면서, 자연을 유지하려는 정신의 자연스러운 욕구는 무시했다. 이제 우리는 한계에 다다랐다. 우리 내면의 목소리는, 우리가 **너무 멀리 나갔고**, 세계를 어지럽혔으며, 자연을 통제하려고 하다가 너무 많은 것을 놓쳤다고 중얼거린다. 아마 토머스 홉스(Thomas Hobbes)의 말이 맞을지도 모른다. 우리는 진실을 너무 늦게 깨달았기 때문에 그 대가로 지옥을 얻게 될지도 모른다. 그러나 나는 이 모두에 이의를 제기한다. 내 생각은 이와 다르다. 딜레마를 절정에 이르게 한 바로 그 지식에 해결책이 포함되어 있다. 흙과 잎 부스러기 한 움큼을 퍼 올려 현장 생물학자가 하는 식으로 하얀 캔버스 천에 펴 놓는다고 생각해 보자. 이 별 볼일 없는 한 줌 흙 속에는 생명이 없는 다른 모든 행성의 표면 전체보다 질서가 제대로 잡혀 있고 구조가 풍부하며 특이한 자연사를 가지고 있는 세계가 있다. 이 흙 한 줌은 끝없는 답사가 가능한 모형 야생 구역이다.

서로 붙어 있는 알갱이들을 핀셋으로 잡아 떼어내면, 부식토의 썩은 틈 주위로 종자 식물의 잔뿌리가 엉켜서 돌돌 말려 있고, 아마 배 모양의 꼬투리 같은 조금 큰 물체도 있을 것이다. 십중팔구 그 속에는 세계를 밀리미터 단위로 보고 이 흙 표본을 횡단하는 동물들도 몇 마리 있을 것이다. 이런 동물에는 개미, 거미, 톡토기, 날개응애류, 애지렁이류, 노래기 등이 있다. 해부 현미경의 배율을 맞추면, 선형동물도 보인다. 이 흙 표본은 부식 동물과 엄니가 난 포식 동물이 서식하는 세계이다. 이 손바닥만 한 소우주는 거대하다. 우리 눈에 보이지 않거나 거의 눈에 띄지 않는 세계 속의 엄청난 생물 다양성과 개체수를 포함하기 때문이다. 이 흙과 잎 부스러기로 된 세계를 복합 광학 현미경으로 확대하고, 주사 전자 현미경 사진을 찍어 보면, 죽은 잎의 작은 조각은 산맥과 협곡이 되고, 흙의 입자는 돌 더미가 된다. 잔뿌리 사이에 맺힌 물 한 방울은 지하 호수가 되며, 물방울 주위에 있는 습한 부식토는 3차원의 습지가 된다. 생태적 지위는 1밀리미터 수준에서 바뀌는 화학 작용, 빛, 온도의 미묘한 차이와 지형에 따라 정해진다. 이 흙 표본은 하나의 완전한 세계인 것이다. 어떤 곳에는 세포성 점균, 키틴을 생산하는 단세포의 키트리드(chytrid), 미세한 생식기 돌기물 같은 토양 점균인 킥셀라목(Kickxellales), 에크리나목(Eccrinales), 자낭균 효모(Endomycetales), 주파게목(Zoopagales) 등의 균류가 보인다. 흔히 알려져 있는 것과는 달리 균류는 형체 없는 얼룩이 아니라, 섬세한 구조의 생물이며 정교한 생활사를 반복한다. 다음은 최근에 현미경적 규모로 다시 본 크립토세스콜로이피 애벌레의 예이다.

수막과 물방울 속에서 난균류 합토글로사 미라빌리스(*Haptoglossa mirabilis*)의 공격 세포들은 생물학자들이 윤충(輪蟲)이라고 부르는 작고 살찐 벌레 같은 동물이 접근하기를 기다린다. 공격 세포는 총 모양이다. 세포의 앞쪽 끝은 늘어나 총신 형태가 되며, 이 총신 안의 뚫린 구멍은 총구를 이룬다. 이 총구의 바닥에는 복잡한 폭발 장치가 있다. 윤충이 가까이 헤엄쳐 오면, 공격 세포는 윤충 특유의 냄새를 감지하고 총신을 통해 전염성 조직의 투사물을 윤충의 몸 안으로 발사한다. 이 균류 세포는 윤충의 조직에서 증식해 원통형의 자실체(子實體)로 변형되며, 이 자실체로부터 출구관이 나온다. 그리고 작은 포자들이 자실체 안에서 분리되어 채찍 모양의 털의 도움을 받아 출구관 밖으로 헤엄쳐 나와서 정착해 새로운 공격 세포를 형성한다. 이들은 계속해서 윤충을 기다리며 새로운 생활사를 시작할 소리 없는 방아쇠를 당길 준비를 하고 있다.

이 기생 균류보다 훨씬 작은 것은, 다른 세균을 먹도록 분화된 포식 동물로서, 군체(群體)를 이루는 폴리안쥼(polyangiaceous) 종 등의 세균이다. 이 세균 주위에는 간균, 구균, 코리네포름균(coryneforms), 점성 아조토박터(slime azotobacteria)가 많이 섞여 있다. 산 조직과 죽은 조직에서 이루어지는 물질 대사 작용을, 이 미생물들이 같이 한다. 발견된 순간에 어떤 세균은 활발하게 자라며 분열하지만, 다른 세균은 잠복하면서 양분이 되는 화학 물질의 적합한 화합물을 기다린다. 모든 종은 서식하기 힘든 환경에서 평형 상태가 된다. 어떤 세균이라도 단 2~3주 만 제한 없이 증식할 수 있다면 기하급수적으로 늘어나서 지구 전체보다 무거워질 수 있다. 하지만 실제 세균 개체는 근처에 있는 동식물의 생체 조각을 분해하고 흡수할 뿐이다. 새로 발견된 먹이가 충분히 클 때는 빨리 성장하고 무시무시하게 번식하지만, 일단 먹이를 다 분해하고 나면, 다시 생리 활동이 정지하는 평상시 상태가 되어 얌전해진다.

과학자들은 이 문제를 가능한 직접적으로 설명하기 위해서 마법의 이름의 땅들에서 두 번째 조사를 시작했다. 과학자들은 생물을 탐구하면서, 끝을 상상할 수 없는 앞서 가는 모험을 시작했다. 생물 수는 하위 단계일수록 많아지는 피라미드 형태를 이룬다. 흙과 부스러기 한 움큼은 곤충과 선충류(線蟲類)와 몸집이 더 큰 다른 동물들 수백 마리, 균류 100만 마리, 세균 100억 마리가 서식하는 보금자리이다. 이들은 자신이 잘 자라고 번식할 수 있는 각각의 미소 환경(microenvironment)에 적합한 뚜렷한 생활사를 가지고 있다. 각 종이 유전자의 최종 분자 단위인 뉴클레오티드의 정확한 서열에 따라 설계되기 때문에 각각 이런 특이성을 띤다.

뉴클레오티드 서열의 정보 양은 비트로 측정될 수 있다. 1비트는 공평한 기회 두 가지가 있는 선택, 예를 들어 동전을 던져서 앞면이 나올까, 뒷면이 나올까 하는 선택 중에 하나를 결정하는 데에 필요한 정보다. 영어 단어의 알파벳 1개는 평균 2비트이다. 세균 한 마리에는 유전 정보 약 1000만 비트가 있으며, 균류에는 10억 비트, 곤충에는 종에 따라 10억 비트 내지 100억 비트가 있다. 개미나 바퀴벌레 같은 곤충한 마리의 유전 정보를 영어 단어로 해석해 표준 크기의 글자로 인쇄하면, 그 줄은 1,600킬로미터가 넘을 것이다. 우리의 흙덩어리는 『브리태니커 백과 사전』의 15쇄를 모두 채울 정도의 정보를 담고 있다.

이 분자 정보가 무엇을 할 수 있는지 보려면, 남아메리카 숲의 바닥을 가로질러 줄지어 달리는 개미들을 생각하면 된다. 달리는 개미 몇몇의 등 위에는 작은 일개미들이 타고 있다. 일개미들은 보통 지하에서 유충을 돌보는 일만 하게 되어 있다. 일개미들의 무임 승차는 문제를 일으킬 수도 있지만, 최소한 이 행동은 군체를 기생 동물로부터 보호하는 일을 돕는다. 벼룩파릿과의 작은 파리가 달리는 개미 위를 맴돈다. 때때로 이런 파리가 내려앉아 달리는 개미의 목 안에 알을 밀어 넣는다. 나중에 이 알이 부화해 구더기가 되어 개미의 몸에 더 깊이 기어 들어간다. 구더기는 금방 자라 번데기로 변태하며 결국 큐티클을 뚫고 성체 파리로 나와 생활사를 다시 시작한다. 이 급강하 폭격기 같은 파리는 먹이를 운반하는 달리는 개미를 만만한 공격 목표라고 생각한다. 하지만 달리는 개미에 무임 승차 일개미가 타고 있을 경우, 이 작은 일개미는 턱과 다리로 침입자 파리를 쫓아낼 수 있다. 이 일개미는 살아 있는 파리채 역할을 한다.

파리나 파리채 역할을 하는 개미의 뇌를 해부해 슬라이드 위에 올리고 생리 식염수 한 방울을 떨어뜨려 놓고 보면, 뇌는 설탕 알갱이와 비슷하다. 이 뇌는 육안으로 간신히 볼 수 있을 정도이지만, 곤충의 성체 생활사 전체에서 곤충의 움직임을 총 지휘하는 완벽한 통제 센터이다. 이 통제 센터는 성체가 번데기 껍질에서 나오는 정확한 시간이 언제인지 신호를 보내며, 외부 감지기에서 변환된 많은 신호를 처리하고, 다리, 더듬이, 큰턱의 신경을 통해 약 스무 가지 행동을 하라고 지시한다. 파리와 개미는 타고난 독특한 생활 방식 때문에 서로 전혀 다르다. 파리는 포식 동물로서 무자비하게 먹이인 개미를 쫓는다. 나는 동물인 파리는 뛰는 동물인 개미를 쫓는다. 홀로 사는 동물인 파리는 개미 군체 중의 한 마리를 쫓는다.

첨단 기술을 이용하면 곤충 신경계의 지도를 배선도만큼 자세하게 그릴 수 있다. 모든 뇌는 10만 개 내지 100만 개의 신경 세포로 이루어지며, 뇌세포 대부분은 1,000개 이상의 이웃 신경 세포에 가지를 뻗는다. 각각의 세포는 그 위치에 따라 특정한 형태를 이루고, 이웃 세포 단위들로부터 유전 암호가 지정된 유출물의 자극을 받을 때에만 메시지를 전달하도록 프로그래밍되어 있는 듯하다. 진화 과정에서 전체 신경계는 극단적으로 축소되었다. 곤충의 신경 세포에는 대형 동물에서 발견되는 종류의 축삭이 있는데, 이 축삭을 싸고 있는 두꺼운 말이집은 대부분 벗겨져 나갔으며, 세포체는 다수의 신경 연결의 한쪽으로 밀려 있다. 생물학자들은 곤충의 뇌가, 완벽한 컴퓨터로서 어떻게 작동하는지 일반적으로는 알고 있지만, 이런 장치를 자세하게 설명하거나 재현하지는 못한다.

독일의 저명한 동물학자 카를 폰 프리슈(Karl von Frisch, 1886-1982년)는 한때 자기가 좋아하는 동물인 꿀벌이 마법의 샘과 같다고 말했다. 우리가 마법의 샘에서 지식을 퍼낼수록 퍼낼 지식이 더 생긴다는 말이다. 그러나 과학은 결코 신비스럽지 않다. 꿀벌이 사회 구조를 이루는 대부분의 계획을, 참여자는 아니더라도 관찰자로서 이해할 수 있지만 곧 지식의 한계를 느끼게 된다.

잘 알려진 예부터 시작해 보자. 꿀벌의 경우, 보금자리를 정하는 장소와 먹이를 찾아다니는 과정과 생활사가 우리에게 알려져 있다. 이 단계에서 가장 주목할 만한 부분은 폰 프리슈가 발견한 꼬리춤이다. 꼬리춤이란 동료들에게 새로 발견한 꽃이 있는 위치와 벌집 자리를 알리기 위해 꿀벌이 벌통 안에서 꼬리를 흔드는 행동을 말한다. 이 꼬리춤은 동물계에서 알려진 행동 중에 진정한 상징어에 가장 가깝다고 할 수 있다. 꿀벌이 벌집의 수직 표면의 짧은 선을 반복해서 따라가는 동안 자매 일벌들은 그 뒤로 바짝 모여든다. 꿀벌은 선의 시작 부분으로 돌아가기 위해 우선 왼쪽으로 고리를 그리며 움직이고 난 다음, 오른쪽으로 고리를 그리며 움직여서 눕혀진 8자 모양을 만든다. 이 중심선에는 꿀벌이 동료들에게 전하는 내용이 들어 있다. 이 선의 길이를 재면 벌집에서 목표 지점까지의 거리를 계산할 수 있다. 또 벌집에서 똑바로 그은 선에서 이 선까지의 각도, 즉 12시 방향에서 벌어진 각도는 이 꿀벌이 벌집을 떠날 때 태양의 오른쪽 또는 왼쪽을 향한 각도이다. 벌이 벌집 표면에 수직 방향으로 춤을 춘다면, 다른 벌들에게 태양을 향해 날아가라고 말하는 신호이다. 벌이 오른쪽으로 10도 방향으로 춤을 춘다면, 태양의 오른쪽 10도 방향으로 가라는 뜻이다. 한 벌집에 함께 사는 벌들은 이런 방향만 이용하면 벌집에서 4.8킬로미터 이상 떨어진 꽃에서도 화밀과 화분을 따올 수 있다.

과학자들은 꼬리춤 암호를 밝힘으로써 좀 더 심층적인 생물 조사 방향과 새로운 질문 100가지를 제시했다. 꿀벌은 어두운 벌집에서 어떻게 중력을 판단할까? 구름이 태양을 가릴 때는 기준점으로 무엇을 이용할까? 꼬리춤은 유전될까? 아니면 학습을 거쳐야 할까? 이 답에 따라 훨씬 더 많은 신비를 일으키는 새로운 개념이 나온다. 이 답을 찾기 위해서(우리는 지금 분명히 그 경계에 있다.), 연구원들은 문자 그대로 꿀벌 자체 속에 들어가, 꿀벌의 신경계, 꿀벌의 호르몬과 행동의 상호 작용, 신경계를 통한 화학 신호 처리 과정을 탐구해야 한다. 세포와 조직 수준의 생체 내부는 처음에 살펴본 군체의 외적 활동보다 연구하기가 기술적으로 훨씬 어려울 것이다. 이 생물 기계의 날개나 심장, 난소나 뇌 등의 한 부분만 이해하려고 해도 너무나 복잡해서 처음에 조사한 기간의 몇 배나 걸릴 것이다.

그러나 이 연구가 끝나더라도, 이 생물 기계의 핵심, 즉 세포의 특징적인 부분을 구성하는 거대 분자와 세포 내부에 대한 남아 있다. 그리고 우리는 이 기계들이 작용하는 과정과 의미에 관해 질문하게 된다. 배아 세포 중 어떤 것은 호흡 단위가 아니라 뇌의 일부가 되는데 이것은 왜 그럴까? 왜 자라는 알 속의 난황에 어미의 혈액이 공급될까? 행동을 통제하는 유전자는 어디에 있을까? 현미경으로만 볼 수 있는 모든 영역을 지도로 그리는 믿기 어려운 일을 성공적으로 끝낸다고 해도, 대부분의 의문점은 풀리지 않은 상태로 여전히 남아 있을 것이다. 꿀벌(Apis mellifera)의 역사는 특별하다. 우리는 바위와 호박에 남은 화석을 통해 꿀벌이 최소한 5000만 년 전부터 존재했다는 사실을 알고 있다. 꿀벌의 동시대 유전자들은 구성 성분인 뉴클레오티드를 수없이 분류하고 재조합해 조립되었다. 꿀벌 종은 수천 가지 다른 동식물과 끊임없이 접촉한 결과로 진화했다. 인간 부족과 마찬가지로 꿀벌도 아프리카와 유라시아에 걸쳐 서식 범위를 확장했다가 축소했다. 사실상 이 모든 역사는 아직까지 알려지지 않았다. 찰스 버틀러(Charles Butler)는 1609년 꿀벌에 관한 현대적인 연구를 시작하면서 꿀을 꿀벌의 "가장 달콤한 최고의 열매"라고 불렀다. 아마 꿀을 찾아다니거나 꿀벌에 특별한 관심을 가진 사람들이 이 역사를 어느 정도까지는 밝힐 수 있을 것이다.

모든 종은 마법의 샘이다. 생물학자들은 최근까지 지구상에 300만 종에서 1000만 종의 생물이 있다는 추정에 만족했다. 그러나 이제는 많은 생물학자들이 1000만 종은 너무 적은 추정이라고 믿고 있다. 지구상에서 아직 인간이 탐험하지 않은 마지막 미개척지, 열대 우림의 수관에 생물학자들이 진입하는 데에 점차 성공하고 있으며, 그곳에서 예상 밖의 여러 생물 종을 새로이 발견하고 있다. 이 결과 지구에 존재하는 생물 종 수의 예상치를 늘려야 한다는 주장이 힘을 얻었다. 수관이란 지상 30미터 위에 떠 있는 수많은 나뭇가지와 잎과 꽃이 이룬 층으로서 열대산 덩굴 식물이 이 층에 얽혀 있다. 수관은 우리가 그 위치를 찾기 가장 쉬운 서식지이지만, 심해 다음으로 도달하기 어려운 서식지이기도 하다. 수관의 나무줄기는 두껍고 화살처럼 곧고, 반들반들하며 매끄럽거나, 날카로운 결절들로 덮여 있다. 수관을 뚫고 안전하게 꼭대기까지 간 사람도 살을 쏘아 대는 개미와 말벌 떼와 맞서야 한다. 체력이 강하고 모험을 즐기는 젊은 생물학자들이 특수 도르래, 밧줄 구름다리, 관찰대 등을 만들어서 이런 어려움을 극복하기 시작했다. 이 생물학자들은 높은 나무 위에 사는 동물들이 방해받지 않고 살아가는 모습을 관찰대에서 관찰할 수 있다. 다른 과학자들은 속효성 살충제로 곤충, 거미, 절지동물 표본을 만드는 방법을 찾아냈다. 이들은 우선 수관의 윤곽을 파악하고 나서, 통에 넣어 올린 화학 물질을 원격 조종 장치로 주변 식물에 뿌린다. 그리고 땅 위에 얇은 판을 펼쳐 놓고 떨어지는 곤충과 다른 생물을 잡는다. 생물학자들은 이런 두 가지 방법으로 발견한 동물들을 섭식(攝食) 습관, 서식하는 나무 부분, 주로 활동하는 절기에 따라 고도로 정밀하게 분류했다. 정말 많은 종들이 공존하고 있었다. 수백 종이 한 나무 꼭대기에 어울려 살고 있었다. 이 데이터를 바탕으로 작성한 초기 통계 지도를 토대로 스미스소니언 자연사 박물관의 곤충학자 테리 어윈(Terry L. Erwin)은 지구상에 곤충 3000만 종이 존재하며 대부분은 열대림 고지 식물에만 서식한다고 추정했다.

생물 다양성이 대략 어느 정도인지를 추정하기는 크게 어려운 일이 아니지만, 종의 정확한 숫자를 파악하기는 거의 불가능하다. 믿을 수 없을 정도로 많은 종이 아직 발견되지 않아서 박물관에 표본이 없기 때문이다. 게다가 이미 분류된 종 중에 꿀벌처럼 연구가 진행된 종은 약 20종뿐이다. 과학자들이 매년 수십억 달러를 들여 중점적으로 연구하는 현생 인류(*Homo sapiens*)조차 수수께끼로 가득하다. 베르코르(Vercors, 본명은 Jean-Marcel Bruller, 1902-1991년, 프랑스의 소설가)가 『그들을 알게 될 것이다(*You Shall Know Them*)』(1953년, 인간과 유인원 사이에서 태어난 존재가 야기한 문제를 그린 SF소설 — 옮긴이)에서 썼듯이, 인간의 모든 문제는 우리가 어떤 존재인지 알지 못하는 데에서, 그리고 어떤 존재이기를 원하는지 서로 동의하지 못하는 데에서 나온다. 우리를 창조하고 유지한 생물 다양성을 우리가 더 잘 파악할 때까지는 이 결정적 결함이 채워질 것 같지 않다. 그렇다면 우리는 왜 망설이는 것일까? 생물 다양성은 문자 그대로 우리 손가락 끝에 있는 경계이며, 우리 정신은 분명히 생물 다양성을 파악하도록 정해져 있는 듯하다.

...

베른하르츠도르프의 삼림 속을 걸으며 그날 그곳에서 보아야 할 것을 보았다. 썩은 통나무 안에 있는 개미 한 종을 발견한 것이다. 이 개미는 예전에 트리니다드의 한 동굴에서 자정 무렵에만 볼 수 있다고 알려진 종이었다. 이 개미를 확대경으로 본 결과 이빨, 돌기, 몸의 무늬 등이 바로 그 종의 독특한 특징을 나타내어 그 종이라고 확인할 수 있었다. 한 달 전에 트리니다드 중앙의 산기슭의 작은 언덕 8킬로미터를 도보 여행하며 땅 속의 원래 서식지에 있는 이 개미 종을 발견했다. 그리고 베른하르츠도르프의 삼림에서는 갑자기 훤히 트인 곳에서 이 개미가 집을 짓고 먹이를 찾는 모습을 또 발견했다. 세계에서 유일한 '진정한' 동굴개미로 간주되었던 개미를 이제 목록에서 지우자. 이 개미가 부리는 일개미는 몸이 연노랑색이며 눈이 없다시피 하고 움직임이 둔하다. 분리된 분류학적 실체인, 문자 그대로 동굴개미라는 학명 스펠라이오미르멕스(*Spelaeomyrmex*)를 지우기로 하자. 이 종을 더 크고 전통적인 다른 속, 에레보미르마(*Erebomyrma*, 그리스 어로 하데스의 개미라는 뜻)로 분류해야 한다고 보게 되었기 때문이다. 작지만 발 빠른 이 성과는 나중에 이런 주제를 전문적으로 다루는 전문 학술지에 게재되어, 아마 동료 개미학자 열 명은 이 내용을 읽게 될 것이다. 기간티옵스 데스트룩토르(*Gigantiops destructor*, 불개미 일종)라는 무서운 이름으로 불리는 눈이 큰 개미들을 관찰하기 시작했다. 먹이를 찾는 일개미들 중 한 마리 앞에 방금 죽은 흰개미를 놓아 주자 일개미는 일직선을 그리며 숲 바닥으로 도망갔다. 일개미는 9미터까지 가서 썩은 나뭇잎들로 일부분이 덮인 속이 빈 작은 나뭇가지 안으로 사라졌다. 가운데 구멍 안에 일개미 열 마리와 여왕개미가 있었다. 이 개미들은 이 특이한 곤충의 첫 번째 군체로 기록되었다. 이번 여행으로 평균 이상의 성과를 거뒀다. 금광 표본을 확보해 금을 캐게 될 것이라고 어쩔 줄 몰라 하며 좋아하는 탐광자처럼, 나는 에틸알코올을 넣은 시험관에 앞으로 연구할 가치가 높은 표본을 몇 개 더 모아서 마을을 지나 북쪽으로 파라마리보를 향한 포장 도로를 타고 집으로 향했다.

나는 이 곤충을 다시 꺼내 좀 더 면밀하게 조사하리라고 훗날을 기약했다. 평범한 일들이 상징적인 의미를 띠게 되었다. 내가 이런 일들로부터 얻은 결론은, 자연주의자의 여행은 이제 시작되었고 사실상 계속되리라는 점이다. 또 나무 한 그루의 줄기 주위를 평생 끝없이 도는 일이 가능하다는 결론을 얻었다. 이런 답사를 계속 하다 보면 인간의 마음과 정신에 가까운 것들을 더 다루게 되리라는 결론에도 도달했다. 그리고 여기까지가 사실이라면, 자연주의자의 통찰력은 모두가 공유하는 생명 사랑 본능에서 갈라져 나온 결과일 뿐이며, 이 통찰력은 점점 더 많은 사람들에게 혜택을 주는 방향으로 자세하게 전개될 수 있다. 인간이 다른 생물보다 훨씬 우위에 있기 때문이 아니라 다른 동물들을 잘 안다는 사실이 생명의 참된 의미를 고양하기 때문에 인간은 고귀하다.

초유기체

1983년 3월에 남아메리카로 돌아가 새로운 열대 개미 연구 프로그램을 시작했다. 나는 열대 개미가 의사 소통 체계와 노동 분업을 이용해 환경에 어떻게 적응하는지에 관심이 있었다. 내가 처음 들른 곳은 브라질 마나우스(Manaus)에서 북쪽으로 약 100킬로미터 떨어진 아마존 숲에 위치한 세계 야생 생물 기금(World Wildlife Fund, WWF)의 '생태계 최소 규모 프로젝트(Minimum Critical Size Project)' 현장이었다. 1970년대 말 이 프로젝트를 창안한, 젊고 원기 왕성한 토머스 러브조이(Thomas Lovejoy) 세계 야생 생물 기금 연구 부회장과 동행했다. 우리는 마나우스와 현장 사이를 매주 오가며 연구하던 여러 연구원, 학생, 조교 등과 합류했다. 우리의 동지애는 진심에서 우러나온 것이었다. 우리는 가치관을 공유하고 암묵적으로 너무 강력한 결속감을 가지고 있었기 때문에, 우리가 왜 이 가망 없는 장소에서 함께 연구하고 있는지는 토론할 필요도 없었다. 우리는 생물에 관해서만 계속해서 전문적으로 자세히 논의했다.

나를 초빙한 사람들은 평범한 현장 생물학자들이 아니었다. 그들은 버클리, 미시간, 케임브리지의 대학 연구실에서 편하게 연구하다 휴가차 이곳에 온 전형적인 학자들처럼 말만 우아하게 하거나 비판적 거리를 두려 하지 않았다. 그들이 취한 태도는 자신감이 넘쳤으며 성취 지향적이었고 거칠었지만 호감이 갔으며, 오스트레일리아와 뉴기니에서 만난 정착민들과 이스라엘 생물학자를 떠올리게 했다. 그 이스라엘 생물학자는 우리가 현장 답사를 갔다가 사해로 돌아왔을 때 그곳에 있던 집을 가리키며 1967년 전쟁 당시에 자신이 육군 중대를 지휘하던 곳이라고 말했다. 세계 야생 생물 기금이 얼마 안 되는 예산으로 운영되기는 하지만, 아마존 프로젝트 연구자들은 실제 대규모로 연구의 선봉에 나서고 있다. 아마존 프로젝트 연구자들은 21세기까지 연구를 계속할 계획이며, 다음과 같은 보존 실행과 생태학의 주요 문제에 답을 제시하려고 한다. 야생 동물 보호 구역 경계 안에서 보호받는 모든 종류의 동식물의 수를 계속 유지하려면 야생 동물 보호 구역의 크기를 어느 정도로 정해야 할까?

한 종이 서식 구역 일부를 잃으면 멸종할 위험이 크다는 사실을 우리는 알고 있다. 수학 용어로 대략 표현하자면, 서식 공간이 줄어들고 이에 따라 개체수가 줄어들면 1년에 생물 한 개체군이 절멸할 확률이 증가한다. 모든 개체군은 어느 정도 크기 변동이 있지만, 개체군의 최대 크기가 작은 경우에는 개체군의 최대 크기가 큰 경우보다 빠른 속도로 개체수가 0까지 계속 줄어들 가능성이 높다. 예를 들어, 260제곱킬로미터의 지역에 서식하는 회색곰 열 마리의 개체군은 아마 비슷한 땅 2만 6000제곱킬로미터에서 서식하는 회색곰 1,000마리의 개체군보다 훨씬 더 빨리 멸종할 것이다. 회색곰 1,000마리는 수세기 동안 서식할 수 있다. 즉 보통 사람들이 생각하기에는 이 회색곰들이 영원히 서식할 수 있는 것이다.

자연과 관련한 이런 단순한 사실은 자연 보호 구역 계획에 큰 영향을 끼친다. 원시림 일부를 남겨 두고 주변의 숲을 개간하면 그 원시림 일부는 농경지라는 바다 위의 섬이 된다. 파도치는 바다 사이의 푸에르토리코나 발리처럼 다른 서식지와 연결되는 부분이 대부분 사라지는 것이다. 이런 연결 부분이 있어야 새로 생물들이 이주해 올 수 있는데, 이런 부분이 사라졌으므로 몇 년 후에는 동식물 종의 수가 예측 가능한 수준으로 줄어들 것이다. 사람들이 보호 구역에서 나무 단 한 그루도 건드리지 않아도 생물 다양성은 줄어들 수밖에 없다. 이런 자연 감소로 인해 생물학자들은 위험하고 기술적으로 어려운 타협을 해야만 해결할 수 있는 문제에 직면하게 된다. 생물학자들은 예산에 맞는 소규모의 보호 구역을 추천한다. 국가 전체를 보호 구역으로 하자고는 요구할 수 없기 때문이다. 그러나 그들은 동식물상을 유지할 정도로 넓은 땅을 보호 구역으로 정하자고 주장할 의무가 있다. 생물학자들은, 최소한의 보호 구역이 필요함을 증명하고, 어떤 종을 보호 구역에서 대략 얼마나 오랫동안 보호해야 할지, 가능한 완벽한 목록을 작성해야 한다.

마나우스 북부의 열대 우림은 아마존 분지의 다른 지역처럼 가장자리에서부터 개간되기 시작했다. 마치 카펫이 점점 말려 올라가 맨바닥이 드러나는 모습 같다. 개간된 넓은 땅에서는 농민들이 농작물을 경작하고 소를 키운다. 따라서 2~3년 이상 최소한의 생산성을 유지하려면 인위적으로 땅을 비옥하게 만들 필요가 있다. 브라질의 열대 우림은 펜실베이니아나 독일의 낙엽수림과는 주요 자원이 분포된 방식을 볼 때 근본적으로 다르다. 브라질 열대 우림에는 더 많은 유기물이 나무의 조직에 흡수되어 있기 때문에 낙엽과 부식토가 5~8센티미터 깊이밖에 쌓여 있지 않다. 이 숲의 나무가 베어져 쓰러지고 불에 타면 얇게 덮인 표토는 적도성 폭우에 금방 씻겨 나가고 만다.

이런 일반적인 정보를 미리 알고 있었지만, 마나우스 주위의 새로 개간된 땅을 보니 역시 불편한 마음이 들었다. 접시 모양으로 움푹 팬 땅과 작은 언덕에는 홍토(紅土)가 덮여 있었으며, 까매진 나무 그루터기들이 흩어져 있어서, 군인들이 버리고 떠난 지 얼마 안 된 전장과 비슷했다. 쓰러진 나무에는 흰개미가 지은 공 모양의 집이 드러나 있었다. 흰개미들의 개체수는 급격하게 증가했다. 대부분의 새들은 사라지고 수리와 칼새만 남아서 공중을 빙빙 돌고 있었다. 멋진 동식물은 모두 사라지고 앙상하게 마른 흰소들만 쓸쓸하게 남아서 드문드문 있는 분수령 주위에 작은 무리를 짓고 모여 있었다. 정오가 되자 태양열이 맨 땅에서 반사되어 손이 따가울 정도였다. 이곳은 근처 숲의 어두운 터널과는 전혀 다른 세계로, 이전에 일어났던 일을 끊임없이 떠올리게 했다. 엄청난 힘으로 인해 수만 종이 사라졌다. 그런 종들은 수세대가 지나도 그 자리에서 결코 볼 수 없을 것이다. 이런 파괴 행위는 경제적인 입장에서 간신히 지지를 얻을 수 있지만, 저녁을 해 먹으려고 르네상스 시대 그림을 태워 불을 지피겠다는 논리와 같다.

　브라질 당국은 다음과 같은 논리를 토대로 황무지 개방을 인가했다. 즉 가난한 북동부에는 사람들은 있고 땅은 없으며, 아마존에는 땅은 있으나 사람이 없으므로, 둘을 합쳐 부족 연합을 건설하라고 말이다. 그러나 당국은 환경 파괴 문제도 잘 알고 있다. 최근 워윅 커(Warwick Kerr), 파울로 노구에이라 네토(Paulo Nogueira Neto), 파울로 반졸리니(Paulo Vanzolini) 같은 생물학자들의 영향으로 브라질 당국은 자연 보존 계획을 세우기 시작했다. 이제 사람들이 적어도 원칙상으로는 법을 지키고 있어서, 숲의 절반은 분명히 보존되고 있다. 동식물 다수 종이 존재한다고 생각되는 핵심 지역에, 중요한 아마존 보호 구역과 공원 20곳 이상이 지정되었다. 대부분 넓이가 2,600제곱킬로미터가 넘는다. 프린스턴 대학교의 존 터보(John Terborgh)를 비롯한 이 분야 전문가들은 보호 구역이 최소한 2,600제곱킬로미터는 되어야 다음 세기에 멸종하는 종의 수를 원래 있던 전체 종의 수의 1퍼센트 미만으로 유지할 수 있다고 말한다. 즉 이 정도 크기의 보호 구역들을 정하면, 생물 100종류 중에

99종류는 2100년에도 여전히 존재할 수 있다는 뜻이다. 이 정도 크기의 보호 구역을 두면, 희귀한 난초, 원숭이, 민물고기류, 브라질의 훌륭한 열정을 상징하는 화려한 왕부리새와 마코앵무가 번성할 뿐만 아니라 한 마리당 8제곱킬로미터 이상의 땅이 있어야 살아남을 수 있는 부채머리독수리와 재규어도 번성할 가망이 보인다.

그러나 브라질의 다른 지역과 좀 더 인구 밀도가 높은 중남미 국가들에는, 학자들이 제시하는 것보다 더 작은 보호 구역들이 있다. 마나우스 프로젝트에 참여한 미국과 브라질 과학자들은 다음과 같은 방법으로 보호 구역 크기를 결정하는 문제를 해결하고 있다. 열대 우림이 북쪽으로 베네수엘라까지 이어지는 부분의 가장자리에서 과학자들은 1헥타르부터 1,000헥타르 넓이의 소구획 20곳을 표시했다(헥타르는 가로세로 100미터의 넓이를 나타내는 단위로서 2.47에이커와 같다.). 이들은 각 소구획에서 나무, 나비, 새, 원숭이, 여타 대형 포유류를 포함한 큰 생물 중에 분류하고 관찰하기 쉬운 생물을 조사한다. 그리고 나서 과학자들은 토지 소유주의 협조를 받아 주변 토지의 개간을 감시하며 소구획을 새로운 농경지 바다에 떠 있는 섬과 같은 숲으로 남긴다. 이 조사 연구는 1980년에 시작되었으며 여러 해 동안 계속될 것이다. 결국 이 데이터를 통해 과학자들은 다음과 같은 의문점을 해결하게 된다. 즉 과학자들은 큰 섬 보호 구역에서보다 작은 섬 보호 구역에서 얼마나 빨리 종이 사라지게 될지, 어떤 동식물 종류가 가장 빠르게 감소할지, 왜 그것들이 멸종하게 되는지 알게 될 것이다. 또 생물 다양성을 더 유지하기 위해 필요한 최소한의 구역이 어느 정도라는 가장 중요한 정보도 알 수 있을 것이다. 이 조사 연구는 현대 과학이 다루고 있는 어떤 과정보다도 복잡하고, 내 생각으로는 어떤 과정보다도 중요하다.

· · ·

우리는 세계 야생 생물 기금 트럭을 타고, 생물학자들이 처음 조사를 하고 있는 파젠다 에스테이오(Fazenda Esteio) 숲 경계선 바로 안쪽에 있는 캠프로 향했다. 이 캠프는 후원 단체의 철학을 충실하게 따라서, 해먹 두세 개와 간이 부엌과 난로 외에는 아무 시설도 없을 정도로 좁은 임시 숙소가 있는 작은 개척지였다. 아침에 해먹에서 일어나 스무 걸음만 가면 개간하지 않은 열대 우림을 볼 수 있다는 것은 큰 기쁨이었다. 닷새간 식사 때를 제외하면 내내 숲에 머물렀고 숲에 있을 체력을 유지할 만큼만 잤다.

다윈이 1832년 처음 리우데자네이루 근처의 열대림을 봤을 때에 쓴 표현("경이와 경탄과 장엄한 애정이 정신을 채우고 고양한다.")처럼 경건한 느낌이 들었다. 그리고 다시 한번 오랫동안 조용히 나무줄기나 땅의 2~3센티미터를 연구해, 초점이 바뀔 때마다 새로운 생물들을 찾을 수 있었다. 때로는 오랫동안 지속되기도 하는 정적의 시간이 어느 정도의 간격으로 나타나는지 보면, 그곳을 둘러싼 생물이 어느 정도 집중할 수 있는지를 알 수 있다. 주요 원시림에서 가장 뚜렷하게 들리는 소리일지도 모르는 소리를 하루에 수차례씩 들었다. 총성처럼 날카로운 굉음이 들린 후에 휙 하는 소리와 쿵 하는 소리가 들렸다. 어디에선가 오래되어 썩어 약해지고 덩굴 층 때문에 꼭대기가 무거워진 큰 나무 한 그루가 이 순간을 택해 쓰러져 수십 년 내지 수백 년의 삶을 마감했다. 무작위로 계속되는 이 과정은 조용한 숲에서 가끔씩 일어나는 일이다. 굵은 나무가 뚝 부러져 넘어지면, 큰 뿌리 부분이 드러나며 나뭇가지는 엄청나게 빠른 속도로 주변 나무의 수관으로 날아가고, 엄청나게 큰 소리가 난다. 땅에는 수많은 나뭇잎, 길게 뻗친 덩굴 식물과 팔랑거리는 곤충이 보인다. 나무 10만 그루가 아주 빽빽하게 자라고 있기 때문에 하루에 한 번 그런 소리가 들릴 확률은 높다. 그러나 그렇게 쓰러지는 나무의 어느 한 부분에 맞을 만큼 가까운 곳에 우리가 있을 확률은, 독뱀을 밟거나 어느 날 새끼와 함께 있는 어미 재규어를 오솔길 모퉁이에서 만날 확률만큼 낮다. 그러나 단발 비행기를 타고 매일 비행할 때처럼, 한평생 살면서 위험은 점진적으로 늘어나기 때문에, 숲 속에서 여러 해 동안 지낸 사람은 쓰러지는 나무를 중요한 위험 요소라고 생각한다.

브라질에서 연구하던 기간 내내 나는 끊임없이 연구해 계획했던 여러 연구 프로젝트를 진행했다. 크리스마스 아침에 선물을 열어 보듯이, 통나무와 나뭇가지를 쪼개 보고, 안전한 곳을 찾아 도망온 다양하고 수많은 곤충과 다른 작은 동물들에 홀린 듯 바라보았다. 이런 동물들 중에 불쾌감을 주는 종류는 없었다. 동물들은 모두 아름다웠고 각 동물들의 이름에는 특별한 의미가 있었다. 자연주의자는 어떤 동식물이든 자유롭게 선택해서 조사하고 비교적 단기간 내에 생산적인 연구를 시작하는 특권을 누린다. 열대림에는 그 대부분이 알려지지 않은 생물 수천 종이 있기 때문에 열대림에서 활동하는 연구원 한 명이 하루에 발견하는 종의 수는 아마 이 세계의 다른 어느 곳에서 발견하는 종의 수보다 많을 것이다.

    극적인 순간을 일부러 만들기라도 한 듯이, 파젠다 에스테이오에 도착한 직후 나는 아무런 노력도 하지 않은 상태에서 말 그대로 발밑에서 내가 가장 찾고 싶었던 곤충을 볼 수 있었다. 그 곤충은 신세계 열대 지방에서 개체수가 가장 많으며 시각적으로 놀라운 동물인 잎꾼개미(*Atta cephalotes*)였다. 현지어로 '사우바(saúva)'라고 하는 이 곤충은 신선한 식물을 주로 먹고, 사람들과 경쟁해 브라질 농업에 피해를 입히는 주요 해충이기도 하다. 나는 수년간 실험실에서 이 종을 연구했지만 현장에서 연구한 적은 없었다. 캠프에 간 첫날 해가 질 무렵 땅 위에 있는 작은 물체를 알아보기 힘들어질 정도로 햇빛이 약해졌을 때, 주위 숲에서 일개미들이 서둘러 나오기 시작했다. 이 일개미들은 벽돌색이며 길이는 0.6센티미터로서 몸에 짧고 날카로운 가시가 빽빽하게 나 있었다. 몇 분이 지나자 일개미 수백 마리가 도착해 삐뚤빼뚤하게 두 줄을 지어 해먹 숙소 양 옆을 지나갔다. 일개미들은 더듬이 한 쌍으로 좌우를 자세히 살피며 반대쪽에서 나오는 어떤 방향 지시 전파에 이끌리듯이 거의 일직선으로 줄지어 개간지를 지나갔다. 두 줄로 지나가던 개미들이 한 시간 후에는 수만 마리가 되어 열 줄 이상으로 줄지어 지나갔다. 그 모습이 마치 두 줄기의 실개울이 한 쌍의 강이 된 것 같았다.

이런 줄은 손전등으로 쉽게 찾을 수 있었다. 일개미들은 캠프에서 90미터 떨어진 내리막 경사 위에 있는 커다란 흙집에서 나와 개간지를 지나 다시 숲으로 사라졌다. 우리는 엉켜 있는 관목을 뚫고 기어가 일개미들의 주요 목표 지점 한 곳을 확인할 수 있었다. 그곳은 높은 꼭대기에 하얀 꽃이 피어 있는 키가 큰 나무였다. 개미들은 나무줄기 위로 줄지어 올라가서 날카로운 이빨이 난 큰턱으로 잎과 꽃잎을 잘라 그 조각들을 작은 양산처럼 머리 위로 올리고 집으로 향했다. 그들 중 일부가 그 조각들을 서서히 땅에 내리자, 금방 도착한 동료들이 그 조각들을 주워 올려 운반했다. 개미들은 자정 직전에 가장 활발하게 활동했고, 기계로 조작하는 소형 장난감처럼 까딱까딱 움직이며 서로를 스쳐 지나가는 소동을 벌였다.

숲을 방문하는 많은 사람들뿐만 아니라 경험 많은 자연주의자들도 이 잎꾼개미의 행군 원정대만 관심을 갖고 잎꾼개미 개체 자체는 대수롭지 않은 붉은 반점으로 보는 듯하다. 그러나 더 가까이에서 보면 이야기가 달라진다. 이들의 원정대를 인간의 척도로 확대해 0.6센티미터밖에 안 되는 개미 한 마리를 180센티미터로 키우면, 이들은 약 16킬로미터 거리의 오솔길을 시속 26킬로미터의 속도로 달리는 것처럼 보일 것이다. 이 개미가 1킬로미터를 가는 데에 2분 17초가 걸리는데, 이 정도 기록이면 현재 인간의 세계 기록에 해당한다. 개미가 짐 340킬로그램을 들고 집까지 돌아갈 때에는 시속 24킬로미터 속도로 달리는데 1킬로미터를 2분 30초 만에 주파한다. 이 마라톤은 밤새 여러 차례 이

어지며 낮에도 수차례 반복된다.

생물학자들과 화학자들이 공동으로 연구한 결과, 잎꾼개미들은 펜에서 잉크가 나오는 방식처럼 침에서 나온 분비물을 땅에 뿌려 길잡이로 삼는다. 이 분비물의 중요 분자인 다이메틸피라진(dimethyl pirazin)은 탄소와 질소 원자들의 단단한 고리와, 탄소와 산소로 된 짧은 곁사슬로 구성된다. 순수한 다이메틸피라진에서는 자극이 없는 냄새가 난다. 여러 사람들이 약한 풀냄새나 유황 냄새가 나거나 석유 냄새가 약간 섞인 과일 냄새가 난다고 판단했다(나는 냄새가 나는지도 잘 모르겠다.). 그러나 이 분비물은 사람에게 어떤 영향을 주든 상관없이 개미에게는 특별한 힘을 주는 영묘한 액체이다. 이 문장의 글자 하나를 덮을 정도의 양인 단 1밀리그램만 있어도, 그것이 이론적으로 가장 효율성 있게 분배되기만 하면, 일개미 수십억 마리를 흥분하게 만들어서 활동하게 하거나, 짧은 잎꾼개미 대열이 지구 전체를 세 차례 돌도록 이끌기에 충분하다. 잎꾼개미가 인간과 크게 다른 것은 이 분비물 자체와는 관계가 없다. 분비물은 평범한 구조의 생화학 물질일 뿐이다. 잎꾼개미의 감각 기관이 인간의 감각 기관과 다르며, 잎꾼개미의 뇌가 외부 자극에 독특하게 반응하기 때문에 잎꾼개미가 인간과 크게 달라지는 것이다.

개미가 있는 땅으로부터 1밀리미터 위에서 본 사물은 그 거리의 1,000배 위에서 내려다보는 거대한 동물들에게 보이는 모습과는 전혀 다르다. 개미는 우리 생각과는 달리 땅에 묻은 분비물 액체가 남긴 흔적을 따라가지 않는다. 분비물은 지표 위의 움직이지 않는 공기 속에서 분자 구름 형태로 확산된다. 개미들은 이 물질을 탐지할 수 있을 정도로 농도가 짙은 긴 타원형 공간 안에서 움직인다. 개미들은 머리 앞의 더듬이 한 쌍을 앞뒤로 쓸어서 냄새를 풍기는 분자를 따라잡는다. 더듬이는 개미의 감각 중추이다. 더듬이의 표면에는 눈에 거의 보이지 않는 털과 쐐기 수천 개가 덮여 있다. 이 털과 쐐기 사이에 작은 판과 좁은 구멍이 흩어져 있다. 이 더듬이 각각에 있는 세포들은 전기 자극을 더듬이의 중추 신경으로 운반한다. 그리고 전달 세포가 메시지를 이어받아 뇌의 통합 구역에 전달한다. 더듬이 기관들 일부는 접촉에 반응하며, 다른 더듬이 기관들은 공기의 작은 움직임에 민감한 반응을 보인다. 그래서 다른 동물들이 집에 침입할 때마다 개미는 즉각적으로 반응한다. 개미의 이 감각 기관은 개미 주위를 소용돌이치며 매초마다 바뀌는 화합 물질들에 반응하며 개미의 뇌에 정보와 자극을 전달한다. 인간은 눈과 귀에 의존해 살아가지만 사회성 곤충들은 주로 냄새와 맛에 의존해 살아간다. 한마디로 우리는 시청각적인 데 비해 사회성 곤충들은 화학적이다.

곤충들의 감각 세계에서는 냄새의 흔적을 따라 사건들이 빠르게, 그리고 연속적으로 일어난다. 일개미가 왼쪽으로 잘못 돌아가서 가야 할 길에서 벗어나기 시작하면, 왼쪽 더듬이는 먼저 냄새 공간에서 벗어나 더 이상 방향을 이끄는 물질에 자극을 받지 않는다. 0.0003~0.0005초면 개미는 이 변화를 인식하고 오른쪽으로 되돌아간다. 냄새 분자가 사라지면 개미는 이에 반응해 몸을 좌우로 비틀며, 집과 나무 사이에서 조금씩 굽이치는 길을 따라간다. 또 일개미는 다른 주자들이 일으키는 소동을 순간순간 피해야 한다. 5~8센티미터 떨어진 곳에서 일개미 한 마리를 육안으로 보면, 이 일개미는 일종의 촉각 탐침인 더듬이를 다른 일개미 한 마리에 대고 있는 것처럼 보인다. 이 장면을 느린 화면으로 촬영해 보면, 일개미가 더듬이 끝을 다른 개미의 몸 부분 위에 올려 냄새를 맡고 있음을 알 수 있다. 다른 개미의 몸 표면에서 군체 특유의 화학 물질의 냄새가 뚜렷하게 나지 않으면, 일개미는 바로 그 개미를 공격한다. 또 그러는 동시에 이 일개미는 두피에 있는 특별한 선(腺)에서 나온 경보 화학 물질을 뿌려서, 근처의 다른 일개미들이 큰턱을 벌리며 그 위치로 서둘러 오도록 신호를 보낼 것이다.

개미는 이런 10~20가지의 신호만을 토대로 군체를 이룬다. 신호의 대부분은 선에서 새거나 뿜어져 나오는 화학 분비물이다. 일개미들은 평생 민첩하고 정확하게 움직인다. 인간은 이런 일개미의 행동을 도형과 분자식을 이용해야 이해할 수 있다. 또한 일개미의 행동을 시뮬레이션할 수도 있다. 컴퓨터 기술이 발달해 우리가 관찰한 행동을 복제하는 기계 개미를 만드는 것이 이론적으로 가능해졌다. 그러나 우리가 어떤 이유로 그런 기계를 만들기로 결정한다고 해도, 그 기계는 소형 자동차 정도로 클 것이며, 그 기계를 통해 과연 개미 내부의 특징에 관한 새로운 사실을 알게 될지도 의문이다.

짐을 지고 온 일개미들은 냄새 흔적이 끝나는 지점에서 구불구불한 통로를 따라 땅속으로 내려가 동료들이 떼 지어 모여 있는 개미집 구멍으로 서둘러 간다. 개미집 구멍은 지하 4.5미터 이상의 지하수면 근처에서 끝난다. 이 개미들이 한 방의 바닥에 잎 조각들을 떨어뜨리면 몸집이 조금 작은 일개미들이 이 잎 조각들을 집어 올려 폭 1밀리미터 정도의 조각으로 자른다. 몇 분 후에 더 작은 개미들이 이 조각들을 이어 받아 짓이겨서 촉촉하고 작은 알약 모양으로 만든다. 그러고 나서 이 알약 모양을 알약과 비슷한 물질로 만든 덩어리에 조심스럽게 끼워 넣는다. 이 덩어리는 사람 주먹과 머리 크기의 중간 정도로 수많은 홈이 나 있어서 회색 세척 스펀지와 비슷해 보인다. 이 덩어리는 개미의 정원이다. 이 표면에서 자라는 공생 버섯과 수액(樹液)은 개미들의 영양가 높은 먹을거리가 된다. 이 공생 버섯이 하얀 서리처럼 퍼지면서 균사(菌絲)가 잎 반죽에 묻어, 반용액 상태로 반죽에 함유된 풍부한 셀룰로오스와 단백질을 분해한다.

잎꾼개미들은 계속 이런 식으로 정원을 만든다. 바로 앞에서 설명한 개미들보다 더 작은 일개미들은 버섯이 무성하게 자란 곳에서 버섯 가닥을 뽑아서 새로 만든 정원 표면에 심는다. 끝으로 가장 몸집이 작고 가장 수가 많은 일개미들이 돌아다니면서 더듬이로 세심하게 버섯을 조사하고 표면을 깨끗하게 핥으며, 다른 버섯 종류의 포자(胞子)와 균사를 뽑아낸다. 군체에서 가장 작은 이 일개미들은 정원 안의 깊은 곳에 있는 가장 좁은 홈을 돌아다닐 수 있다. 때때로 이 일개미들은 버섯 타래를 뽑아서 운반해 몸집이 더 큰 동료에게 먹일 수 있다.

잎꾼개미는 몸 크기에 따라 노동을 분담하는 방식으로 경제를 조직한다. 먹이를 나르는 일개미의 크기는 집파리와 비슷하다. 이들은 잎을 자를 수 있지만 몸집이 너무 커서, 현미경으로 볼 수 있을 정도로 작은 버섯을 배양할 수 없다. 작은 정원사 일개미는 몸집이 인쇄된 I자보다 약간 작으며, 버섯을 기를 수 있지만 힘이 너무 약해서 잎을 자를 수는 없다. 따라서 잎꾼개미의 세계에서는 몸집에 따라 노동이 분화된다. 일개미들은 몸집이 가장 큰, 행군하는 원정대에 속한 일개미부터 버섯을 재배하는 아주 작은 일개미까지 개미집 입구에서 잎 조각들을 모으는 일부터 시작해서, 잎 반죽을 만들고, 개미집 안 깊은 곳에서 식용 버섯을 배양하는 일까지 단계별로 분담해 작업한다.

또 잎꾼개미들은 크기에 따라 각각 다른 역할을 맡아 군체를 지킨다. 바삐 움직이는 일개미들 사이에는, 정원사 일개미보다 300배 큰 병정개미 두세 마리가 끼어 있을 수도 있다. 병정개미의 날카로운 큰턱은, 0.64센티미터까지 부푼 두피를 채우는 내전근의 힘을 받는다. 병정개미들은 작은 펜치처럼 적군 곤충을 조각조각 잘라서 사람 피부가 비칠 정도로 얇게 저민다. 이 거대한 곤충은 특히 몸집이 큰 침입자들을 노련하게 물리친다. 개미집을 파는 곤충학자들이 자칫 실수를 하면 가시덤불 속을 헤쳐 나가기라도 한 듯이 손 여기저기가 긁힐 수 있다. 나도 이런 병정개미에 물려 지혈을 하느라고 관찰을 멈추어야 할 때가 가끔 있었다. 내 몸집의 100만분의 1밖에 안 되는 동물이 턱 하나로 나를 막을 수 있다는 사실이 인상 깊었다.

어떤 다른 동물도 신선한 식물을 버섯으로 바꾸지 못한다. 이 진화적 사건은 수백만 년 전 단 한 번 남아메리카의 어느 곳에서 일어났다. 잎꾼개미는 신선한 식물을 버섯으로 바꾸는 능력 덕분에 엄청난 이점을 지니게 되었다. 잎꾼개미들 중에 일부 일개미들이 밖에 나가서 식물을 모으는 동안, 지하 은신처에 남은 잎꾼개미 개체군 대부분은 안전하게 지낼 수 있었다. 그 결과 아타속(*Atta*)의 14종과 아크로미르멕스속(*Acromyrmex*)의 23종 등 모든 종류의 잎꾼개미가 아메리카 대륙 열대 지방 대부분을 지배한다. 잎꾼개미는 나방이나 나비의 애벌레, 메뚜기, 조류, 포유류 등 더 다양한 형태를 포함한 어떤 동물군보다도 식물을 더 많이 소비한다. 잎꾼개미 군체 하나가 하룻밤 만에 오렌지나무 한 그루나 콩밭 전부를 초토화할 수 있고, 잎꾼개미 개체군들이 연합하면 매년 10억 달러의 피해를 입힐 수 있다. 초기 포르투갈 정착민들이 브라질을 '개미의 왕국'이라고 부른 것도 다 이 때문이었다.

    잎꾼개미 군체 중에 가장 큰 것은 일개미 300만~400만 마리로 구성되며, 이런 군체는 땅속에 3,000여 개의 방을 만들어 둔다. 이런 군체가 파낸 흙은 폭 6미터, 높이 90~120센티미터의 흙더미를 이룬다. 개미집 안쪽 깊은 곳에는 갓 태어난 생쥐만 한 어미 여왕개미가 진좌(鎭座)하고 있다. 이 여왕개미는 최소한 10년을 살 수 있으며 아마 20년까지 살 수 있을지도 모른다. 하지만 여왕개미의 실제 수명을 측정할 만큼 끈질긴 사람은 없었다. 우리 실험실에 14년 전 가이아나에서 채집한 여왕개미 한 마리가 있다. 이 여왕개미가 18세가 되어 17세인 메뚜기의 수명 기록을 깨면, 나는 학생들과 함께 샴페인 병을 따 여왕개미의 생일을 축하할 계획이다. 여왕개미 한 마리는 평생 2000만 마리 이상의 자손을 둘 수 있다. 즉 1년에 한 군체에서 나오는 숫자의 일부분에 불과한 개미 단 300마리가 전 세계 인구보다 많은 개미를 낳을 수 있다는 뜻이다.

이 여왕개미는 이전 여왕개미가 매일 낳은 작은 알 수천 개 중 하나에서 태어난다. 이 알이 구더기 같은 애벌레로 부화하면, 한 달 동안 성체 개미 보모들이 이 애벌레에게 끊임없이 먹이를 주고 애벌레를 씻어 준다. 어떤 먹이인지는 알려지지 않았지만, 개미들이 조절한 특별한 먹이를 먹고 애벌레는 비교적 크게 자랄 것이다. 그리고 애벌레는 번데기로 변한다. 번데기의 밀랍 깍지는 마치 여왕개미 성체가 다리와 날개와 더듬이를 몸 쪽에 단단히 붙이고 태아의 자세로 있는 모양 같다. 몇 주 후에 이 표피 안의 성체 기관들이 모두 자라면 새 여왕개미가 나온다. 여왕개미는 처음부터 완전한 성체로서 더 이상 크게 자라지 않는다. 또 여왕개미는 자매인 군체의 일개미들과 똑같은 유전자를 갖고 있다. 일개미가 여왕개미보다 몸집이 더 작고 여왕개미와는 달리 걸어 다니는 이유는, 유전자 자체가 다르기 때문이 아니라 일개미가 애벌레 때 여왕개미 애벌레와는 다른 대우를 받기 때문이다.

폭우가 내린 후 눈부신 햇살 속에 처녀 여왕개미는 개미집 밖으로 나와 하늘로 날아올라 다른 여왕개미들과 수개미들에 합류한다. 수개미는 눈이 크고 몸의 색이 진하다. 수개미 네다섯 마리가 빨리 연이어 여왕개미를 잡고 교미하는 동안, 여왕개미는 여전히 하늘을 날고 있다.

수개미들은 자신에게 주어진 이 유일한 임무를 완수하고 나면 개미집으로 돌아가지 않고 몇 시간 후에 죽는다. 여왕개미는 수정낭(受精囊, spermatheca)에 수개미의 정자를 저장한다. 수정낭은 여왕개미의 난소 위아래에 위치한 질긴 근육 주머니이다. 수정낭에 저장된 생식 세포는 독립적인 미생물처럼 수년간 살면서 수란관으로 방출되어 난자와 만나 새로운 암캐미를 만들 때까지 아무 활동을 하지 않고 기다린다. 난자가 수란관을 지나 정자를 받아들이지 않은 상태에서 밖으로 배출되면 수컷이 나온다. 여왕개미는 자신의 정자 저장 기관에서 수란관까지 연결된 관을 열거나 닫음으로써, 자신이 생산하는 새 일개미와 여왕개미의 숫자뿐만 아니라 자손의 성별도 조절할 수 있다.

새로 수정된 여왕개미는 땅으로 내려온다. 여왕개미는 다리를 앞으로 긁어모으며 고통을 느끼지 않으면서 날개를 뗀다. 날개는 죽은 막질 조직으로 이루어져 있기 때문에 날개를 뗄 때 고통스럽지 않다. 여왕개미는 여기저기 날아다니다가 부드러운 맨 땅을 찾으면 좁은 굴을 일직선으로 뚫기 시작한다. 여왕개미는 몇 시간 후 약 25센티미터 깊이까지 내려가 작은 방 하나로 바닥을 넓힌다. 그리고 자신의 정원과 군체를 만들기 시작한다. 그러나 이 생활사 전략에는 문제가 하나 있다. 여왕개미는 어미의 군체와는 완전히 떨어져 있다. 여왕개미는 이 정원을 만들기 시작할 때 중요한 공생 버섯 배양균을 어디에서 얻을 수 있을까? 여왕개미는 이 배양균을 입으로 운반한다. 집을 떠나기 직전에 어린 여왕개미는 버섯 가닥 뭉치를 모아서 혀 바로 뒤쪽에 있는 구강(口

腔, oral cavity) 바닥의 주머니에 넣는다. 여왕개미는 이 둥근 뭉치를 개미집 바닥에 놓고 소량의 배설물을 양분으로 공급한다.

버섯이 희끄무레한 매트 형태로 증식되면, 여왕개미는 그 표면 위와 주위에 알을 낳는다. 어린 애벌레는 부화하고 나서 여왕개미에게 받은 다른 알을 먹는다. 이 애벌레들은 6주 후에 작은 일개미로 변한다. 이 새로운 성체 개미는 금방 군체의 일상적인 임무를 물려받는다. 일개미들은 성체가 된 지 불과 2~3일 만에 개미집을 늘리고, 정원을 만들고, 여왕개미와 애벌레에게 점점 풍성해지는 버섯을 먹이기 시작한다. 1년 후에 이 작은 무리는 일개미 1,000마리의 집단으로 늘어나며, 여왕개미는 거의 모든 활동을 중단하고 먹이를 먹고 알만 낳는 소극적인 기계가 된다. 여왕개미는 죽을 때까지 독점적인 역할을 고수한다. 여왕개미가 다원주의적으로 성공했는지 가늠해 보려면, 과연 이 여왕개미의 딸들 중 몇 마리가, 태어난 지 5~10년이 지난 후 여왕개미로 자라 혼인비행을 떠나고 자신의 새 군체를 세우는가를 확인해야 한다. 여왕개미가 새 군체를 세우는 일은 여왕개미가 한 일 중에 가장 중요하다고 할 만하다. 사회성 곤충의 세계에서 생물학적 조직의 규범에 따르면, 군체는 군체를 낳지만, 개체는 직접 개체를 낳지 않는다.

사람들은 개미 군체에서 인간과 같은 특징을 관찰할 수 있는지, 개미들이 인간의 생각과 감정을 희미하게나마 흉내 내어 행동하는지를 내게 자주 묻는다. 곤충과 인간은 6억 년 이상 서로 다른 방향으로 진화했지만, 다세포 생물인 공통 조상을 두었다. 이 엄청난 계통 발생상의 차이에도 불구하고 두 생물 사이에 심리적인 공통점이 남아 있을까? 이 질문에 답하기 위해, 나는 스위스 시계 뒷면을 열어 보듯이 개미집을 열어 본다. 나는 그 부품들이 복잡하며, 정확한 속도로 똑딱거리는 소리를 내는 데에 매혹을 느낀다. 그러나 나는 개미 군체를 유기체 기계 이상의 특별한 존재라고 생각한 적이 없다.

이 비유를 좀 더 설명해 보겠다. 잎꾼개미 군체는 '초유기체(super organism)'이다. 여왕개미는 중앙의 방 깊은 곳에 앉아 있다. 여왕개미가 산란을 하는 이 방에서 모든 일개미와 여왕개미 들이 나온다. 그러나 여왕개미는 어느 모로 보나 조직을 지휘하거나, 조직의 청사진을 제시하지는 않는 것 같다. 군체를 지휘하는 사령부는 없다. 잎꾼개미 사회의 종합 계획은 암컷인 일개미들의 뇌에 나뉘어 들어 있다. 일개미 각각의 뇌가 짠 프로그램들이 균형을 이루어 전체 종합 계획을 이룬다. 일개미 각각은 몸의 크기와 연령에 따라 자신이 할 일을 하고 다른 일을 하지 않는다. 초유기체의 사회 전체가 두뇌 역할을 한다. 이를테면 일개미들은 초유기체의 신경 세포에 해당한다. 위에서 좀 떨어져서 보면 잎꾼개미 군체는 거대한 아메바를 닮았다. 잎꾼개미 군체 중에 먹이를 찾는 잎꾼개미들의 대열이 위족(僞足, 원생동물 따위의 세포 표면에 형성된 원형질의 돌기. 이것으로 운동하며 먹이를 잡는다. ─ 옮긴이)처럼 구불구불 움직여 식물을 자르는 동안, 군체의 다른 개체들은 녹색 조각을 구멍 아래에 있는 버섯 정원으로 끌고 들어간다. 수백만 년 전에 진행된 진화의 독특한 단계를 통해 이 개미들은 버섯을 잡아 초유기체에 더하고, 잎을 소화할 수 있는 능력도 얻었다. 아니면 아마도 이 관계는 반대 방향일 수도 있다. 반대 방향이라면, 버섯이 움직이는 개미를 이용해 잎을 축축한 지하 방으로 가져오게 되었을 것이다.

어떤 경우든 이 둘은 이제 서로에게 속해 있어서 결코 떨어질 수 없다. 개미-버섯 조합은 진화의 정밀한 산물로서 결코 쉬는 법 없이 정확하게 작동한다. 인간의 어떤 발명품보다도 복잡하며 상상할 수 없을 정도로 오래되었다. 남아메리카 숲에서 군체 하나를 발견하는 일은 외계인이 오래전에 남긴 어떤 미지의 기계를 발견하는 것과 같다. 생물학자들은 이 초유기체의 수수께끼를 풀기 시작했을 뿐이다.

이제 현대 과학의 발달로 점점 줄어들고 있는 광대한 열대 우림을 미개척 영역 또는 미답의 영역이라고 할 수 없다. 우리가 아직 밟지 못한 미개척 영역은 열대 우림에서 발견되는 잎꾼개미와 다른 수천 종의 몸과 삶 속에 있다.

타임머신

　마술을 부리는 만능 영사기가 있다고 상상해 보자. 이 영사기는 생물학의 전 영역을 상상할 수 있게 해 준다. 이 영사기가 보여 주는 영상은 몇 초를 몇 시간과 며칠로 늘릴 수 있고, 몇 년과 몇 세기를 단 몇 분으로 압축할 수 있다. 또 이 영상은 확대하면 현미경으로만 볼 수 있는 미시 세계를 보여 줄 수 있고, 압축하면 멀리서 보이는 넓은 경치를 담아 낼 수 있다. 이 영사기는 과학자의 타임머신 역할을 하며, 아인슈타인이 즐겨 사용한 사고 실험(thought experiment, 머리로 하는 생각 실험. 아인슈타인은 이 실험을 활용하여 상대성 이론을 만들었다. — 옮긴이)을 수행한다.

　역사의 어느 한 순간부터 이 만능 영사기를 돌려 보자. 우리의 주제에 적합한 때는 1859년 5월 12일 늦은 저녁이다. 이때 루이스 아가시(Louis Agassiz, 1859-1873년)와 벤저민 퍼스(Benjamin Peirce, 1809-1880년)는 따뜻한 봄 공기 속에 매사추세츠 주 케임브리지 시의 거리를 거닐고 있었다. 두 사람은 프랑스와 오스트리아 사이에 일어난 전쟁으로 스위스의 중립이 위협받는 상황에 관해 이야기를 나누고 있었다. 두 사람 모두 유명 인사이다. 아가시는 당대 가장 유명한 미국 출신의 과학자로서, 빙하 연구의 선구자이고, 동물의 일반 분류와 어류 분야를 이끄는 권위자이며, 많은 사람들이 찾는 강연자이다. 또 그는 하버드 대학교 교수이자 비교 동물학 박물관의 설립자이고, 바너드 에드워드 에머슨(Barnard Edward Emerson1857-1923년), 헨리 워즈워스 롱펠로(Henry Wadsworth Longfellow, 1807-1882년) 같은 작가들의 절친한 친구이며, 찰스 다윈의 진화론에 반대하는 미국 학자 중에 가장 신랄하고 유능한 이가 될 인물이다. 퍼스는 저명한 수학자이자 하버드 대학교 천문학 교수로서 미국의 젊은 지성 사회에서 아가시와 가장 가까운 동료이다. 두 사람은 식물학 교수이자 미국의 대표적인 다윈 지지자인 아사 그레이(Asa Gray, 1810-1888년)가 자택에서 마련한 저녁 식사를 마치고 돌아가는 길이다. 이 저녁 식사에는 케임브리지 과학 클럽(Cambridge Scientific Club) 회원들이 모였다. 케임브리지 과학 클럽은 과학에 관심이 많은 하버드 대학교 교수와 이 도시의 다른 학자들 10여 명으로 구성되었다. 이 회원들은 2주에 한 번씩 모여서 토론했는데, 특히 이번 모임은 지식 세계에서 확실히 역사적이라고 할 만한 날이었다. 이 자리에서 그레이가 서반구에서는 처음으로 다윈 이론의 핵심을 소개했기 때문이다. 연초에 그레이와 아가시는 역시 케임브리지에서 열린 미국 예술 과학 아카데미

(American Academy of Arts and Science)의 모임에서 서로 경계하며 충돌을 피했다. 두 사람은 식물 종의 자매 분포(vicarious distribution, 유사종 두 종이 환경적으로 격리되어 분포하는 것. 격리 분포라고도 한다. — 옮긴이)와 진화의 다른 증거에 관해 가벼운 논쟁을 벌였지만 진화 과정 자체의 중심 문제에 대해서는 언급하지 않았다. 그레이는 지나치게 신중했기 때문에, 다윈이 주장한 자연 선택론을 많은 학자들 앞에서, 특히 인기 있는 강적 아가시가 앉아 있는 자리에서 정공법으로 주장할 수 없었다. 대신 좀 더 편안한 케임브리지 과학 클럽에서 다윈의 이론을 정공법으로 주장했다.

이 모임에 참석한 학자들 중에 다윈의 이론이 중요하다고 생각하는 사람은 별로 없었다. 이 논의는 두 사람 사이만 갈라놓았다. 그레이는 이 개념과 증거를 기분 좋게 내보이며 즐거워했다. 아가시는 불안했다. 그는 "그레이 씨, 우리 이제 그만 하죠."라고 말했다. 사실 아가시는 그때부터 생물학자로서 연구한 대부분의 시간을 다윈의 이론에 반론을 펼치는 데 보냈다. 우리가 타임머신을 맞춰 선택한 순간에 아가시와 퍼스의 대화는 유럽의 전쟁이라는 시사 문제로 바뀐다. 진화론은 친한 친구로서 의견을 같이해야 하는 무거운 주제이지만 그럴 수가 없었기 때문에 적당히 예의를 갖추어 주제를 바꾸었다. 역사가 A. 헌터 듀프리(A. Hunter Dupree)는 산책하러 나간 두 사람에 대해 이렇게 말했다. "그들은 자신들이 서양 지성사의 두 시대 사이에 미묘한 균형을 잡고 서 있다는 사실을 알고 있었을까? 평범하고 사람 좋게 생긴 아사 그레이가 열정적인 어조로 전달한 메시지가 나폴레옹 3세, 프란츠 요제프

(Franz Joseph, 1830-1916년, 오스트리아의 황제 — 옮긴이)와 다른 모든 수많은 사람들이 전한 메시지보다 더 중요하다는 사실을 그들은 알고 있었을까?"

두 사람이 걸으며 조용하게 대화를 나누는 모습을 영사기로 찍어 보자. 몇 초 정도가 영사기에 찍힐 것이다. 아가시와 퍼스를 비롯한 인간, 그리고 모든 대형 유기체는 이런 유기체적 시간 속에 살고 있다. 이 유기체적 시간 속에서는 가장 중요한 행동이 몇 초 내지 몇 분 안에 이루어진다. 인간을 구성하는 세포 수십억 개에서 화학 물질이 급격하게 늘어나고 전기 충격이 발생해 막을 통해 서로 의사 소통을 하기 때문에, 이렇게 믿기 힘든 일이 일어난다. 퍼스가 "아가시, 난 정말 걱정되네."라고 말한다. 1,000분의 1초 후에 압축된 공기가 아가시의 고막을 때리고 그 에너지를 고막 안쪽에 있는 3개의 뼈로 된 줄에 전달하며, 이 뼈들이 그 에너지를 달팽이처럼 생긴 내이로 전달한다. 나선형을 따라 배치된 감각 세포들이 다양한 진동에 공명하고 같은 수의 신경 세포를 자극, 신호를 촉발하고, 정보를 청각 신경으로 보낸다. 몇천분의 1초가 더 지나면, 암호화된 전기 신호가 마름뇌로 가서, 중간뇌의 미리 정해진 경로와 앞뇌의 청각 피질로 이어져서 결국 대뇌 피질의 의식 중추까지 간다. 그리고 아가시는 퍼스가 말한 문장을 '듣는다.' 신경 세포의 조정된 진동은 대뇌 피질과 대뇌 변연계의 기억 및 감정 중추를 통과하는 동안 바뀌어, 결국 개념과 단어의 연결이 새롭고 빠르게 변한다. 아가시는 생각하고 있다. 뇌는 장기 기억 저장소의 새 정보를 단기 기억의 임시 회로와 결합한다. 10분의 1초 동안 관련 영상들이 연결되고 그 영상들을 활성화하는 감정 회로를 통해 평가된다. 그리고 연이어 두정엽 피질, 브로카 영역과 베르니케 영역을 따라 언어 통합 중추가 전부 관여하고, 명령이 운동 피질 중계소의 세포들을 지나 혀, 입술, 후두에 주어져, 아가시가 대답을 한다. "퍼스, 앞으로 어떻게 될지 지켜봐야 해." 4초가 경과했다.

이제 타임머신 영사기에서 릴을 1,000배 느리게 돌려 보자. 아가시와 퍼스는 거의 멈춘 듯하다. 그들은 사실 계속 움직이고 있지만 너무 느려서 맨눈으로는 알 수가 없다. 그다음에는 각 신경 섬유가 보이고 세포가 보이고 마지막으로 분자와 원자가 보일 때까지 아가시를 확대해 보자. 다시 활동이 정상 속도로 진행되어 우리가 쉽게 따라갈 수 있다. 한 도시의 거주인들처럼, 케임브리지에서 산책하는 사람들처럼, 세포 구성 요소들이 관 속에 버글거린다. 효소 분자가 단백질을 발견하고 추적해 깨끗하게 조각조각 자른다. 신경 세포 하나가 방전한다. 나트륨 이온이 신경 세포 안으로 흘러 들어오면서, 이 신경 세포 세포막의 길이 방향으로 전압이 떨어진다. 신경 세포 축의 각 끝에서 이런 결과가 나오기까지는 수천분의 1초가 걸리며, 그동안 생성된 전기 신호, 즉 전압 하강의 속도는 초속 9미터이다. 이 신경 세포를 확대해 본다고 해도 결과가 너무 빨리 발생해서 눈으로 따라잡을 수가 없다. 세포막의 방전 속도는 소총 탄환보다 빠르기 때문이다. 분자 수준에서 이런 경우를 이해하기 위해 우리는 수천분의 1초 이하에서 일어나는 화학 반응 수준에서 생각해야 한다. 따라서 우리는 이 작용의 시간을 늦

춘다. 우리는 **생화학적 시간** 속에 있다. 우리는 이 마법의 영사기를 통해 1,000분의 1초를 1초로 바꾸어 이 과정을 그려 볼 수 있다. 이 정도 시간이면 수많은 뇌세포가 상호 작용해 현미경으로만 볼 수 있는 영상을 재현하기에 충분하다. 물론 지금 스크린에 펼쳐지고 있는 영상을 만드는 기초가 되는 것이 바로 그 현미경으로만 볼 수 있는 영상이다.

릴을 더 빨리 돌려 유기체적 시간으로 돌아가 보자. 정확하게 확대할 수 있다고 하더라도 생화학 작용이 너무 빨리 일어나기 때문에 그 작용을 이해하기 힘들다. 따라서 우리는 아가시의 몸에서 물러서서 배율을 줄인다. 그 결과 화면 속의 원자와 분자가 연합해 다양한 집합체를 이룬다. 원자와 분자는 우선 세포가 되고, 그다음은 조직, 기관이 된다. 고등 생물의 생체 조직에서 이런 작용은 서서히 일어나 몇 초는 걸리므로, 우리의 뇌가 이해할 만하다. 횡격막이 오르락내리락하며 심장이 뛰고, 다리 근육이 수축한다. 아가시는 다시 걸으면서 퍼스와 대화하기 시작한다.

계속 가 보자. 작용의 속도를 훨씬 더 빠르게, 말이집을 넘어 몇 분, 몇 시간까지로 늘려서 아가시와 퍼스로부터 나아가 보자. 초기 무성 영화 속의 익살스러운 인물들처럼, 이들은 화면 속에서 갑자기 빨리 움직이기 시작한다. 이 릴이 훨씬 더 빨리 돌아갈 때, 우리는 케임브리지 시를 넘어 매사추세츠 주의 시골을 바라보고, 이어 북동부 해안 지방 전체를 본다. 낮과 밤이 연달아 빨리 지나간다. 1초 동안 밤낮의 교체가 열 번 이상 점멸되는 융합 주파수에 도달하면, 즉 1초 동안 밤낮의 교체가 열 번 이상 일어나면, 낮과 밤은 우리 뇌에서 합쳐져서, 그 배경이 되는 풍경은 그대로 있지만 희미한 빛으로 덮인 상태로 바뀌게 된다. 개인과 다른 생물 개체들은, 땅 위로 솟아나 사라지기 전에 잠시 보이던 오래된 나무 두세 그루를 제외하면 더 이상 구분할 수 없다. 그러나 무언가 새로운 장면이 나타난다. 뉴잉글랜드 풍경 속에서 사탕단풍과 붉은눈비리오가 나타났다가 사라지기를 반복할 때, 우리는 그 종들이 어떤 개체군을 이루고 있음을 알게 된다. 우리는 이런 종들이 합쳐져 이루어진 생태계를 통찰하게 된 것이다. 연못가에는 낙엽송이 있고, 연못 안은 수초로 가득하다. 이 연못은 곧 굳어서 소택지(沼澤地)가 된다. 모래 언덕에는 비치그래스가 자라고, 그 옆에는 들장미와 키 작은 다른 관목이 자라며, 방크스소나무가 자라고 결국 활엽수림이 조성된다. 우리는 **생태학적 시간**으로 진입했다. 생화학적 작용은 예상 이상으로 압축되었다. 생물들은 삶과 죽음, 경쟁, 교체의 수학 법칙으로 정의되는 총체일 뿐이다.

아가시와 퍼스와 1859년 당시의 다른 생물들은 시간이 가속되는 동안 어디로 갔을까? 이들은 각 종의 유전자군(gene pool, 어떤 생물 집단 속에 있는 유전 정보의 총량 — 옮긴이)으로 희미하게 사라졌다. 이들은 감수 분열과 수정의 절단 작용을 통해 작은 조각으로 잘린다. 개체들로서는 지워지지만, DNA로서는 영원히 유지된다. 각 개체는 자녀의 유전자에 각각 절반씩 기여했으며, 손자 유전자에 4분의 1 기여했고, 증손자 유전자에 8분의 1 기여했다. 이렇게 유전자가 소모되지만 세대가 지속되면서 후손들이 늘어남으로써 유전자는 균형을 맞춘다. 정상 상태의 개체군에서, 보통 사람은 자녀보다 손자를 두 배 더 두며, 증손자를 네 배 더 둔다. 이런 식으로 자손의 수는 기하급수적으로 늘어난다. 따라서 한 개인의 유전자는 개체군에서 서서히 확산한다. **진화적 시간** 간격의 역치에 해당하는 1,000년 동안, 각 개인들은 생물학적 단위로서의 적합성을 대부분 잃는다. 가족들은 수많은 자손 혈통으로 나뉘어, 결국 개체군 대부분이 넓은 공간에 공존하게 된다. 종족의 구별은 희미해지고 결국에 그 구별은 의미가 없어진다. 1,000년 동안 개체군은 전혀 새로운 종으로 나뉠 수도 있다. 그러나 인류 계통의 경우는 50만 년 전 현생 인류가 나온 이후 새로운 종으로 나뉜 적이 없었다.

현대 생물학자들은 수백만분의 1초에서 수백만 년까지, 마이크로미터에서 생물권까지, 어느 하나 빠뜨리지 않고 광범위한 범위를 연구한다. 그러나 이것은, 전자 현미경과 지구 탐사 인공 위성, 그리고 과학 기술의 다른 인공 기구들이 인류의 시야를 확장한 현재, 일반적인 이야기에 불과하다. 현대 생물학의 각 분야는 진입 지점에 따라 정의된다. 개체 생물학은 우리가 걷고 말하는 방식을 탐구한다. 세포 생물학은 우리 생체 조직의 집합과 구조를 탐구하며, 분자 생물학은 궁극적인 화학 조직을 탐구하고, 생태 생물학은 우리 전체 종의 유전적 역사를 탐구한다. 연구 방식은 선택한 조직체의 단계에 따라 다르다. 이 조직체들은 일종의 계층 구조를 이루고 있다. 분자는 세포를 이루고, 세포는 조직을 이루고, 조직은 생물을 이루고, 생물은 개체군을 이루며,

개체군은 생태계를 구성한다. 어떤 종과 그 종의 진화를 이해하려면, 그 종 바로 위의 단계를 설명하기에 충분한 조직체 단계의 지식이 필요하다. 분자 생물학 전문가들이 늘 지적하고 싶어 하듯이, 분자 생물학은 이 계층 구조의 바닥에 있다. 분자 생물학자들은 극히 미소한 기초 단위를 토대로 모든 연구를 수행하기 때문이다. 그러나 분자 생물학 자체는 더 할 수 없이 거대한 학문이다. 분자 생물학은 공간, 시간, 역사의 매개 변수들을 지정할 수가 없는데 이 매개 변수들은 생명의 계층 구조의 더 높은 단계들에서 중요하며 그 단계들을 정의한다. 배아의 발생이 유전자뿐만 아니라 배아 세포들이 주변 환경에 어떻게 놓이는지에 따라 달라진다는 기본적인 사실을 고려하자. 또는 한 생물의 행동이 부분적으로 학습, 즉 외부 자극에 따른 신경 세포의 변화에 따라 정해진다는 사실을 고려하자. 훨씬 더 깊은 차원에서 분자 생물학의 중심적인 관심 분야를 이루는 바로 그 유전자는 변화하는 환경 속에서 오랜 기간 돌연변이와 선택을 거쳐 조합되었다. 이 마지막 관계가 너무 명백해져서 더 이상 이를 무시할 수 없게 되자, 1970년대에 분자 생물학과 진화 생물학은 통합되기 시작했고 이에 따라 생물학의 다른 분야들도 재편성되었다. 다윈주의 개념은 『종의 기원』이 출판된 지 100년 이상 지난 후에야 비로소 높은 수준에 도달했다.

· · ·

아가시는 1859년 말 『종의 기원』을 읽기 시작하면서 다윈의 이론에 점점 더 우려를 나타냈다. 아사 그레이는 1860년 1월 영국에서 J. D. 후커(J. D. Hooker)에게 다음과 같은 편지를 썼다. "일전에 아가시를 만났을 때, 아가시는 『종의 기원』의 일부만 읽었더군. 이건 우리끼리 이야기이지만, 아가시는 '그건 어설퍼, 아주 어설퍼!'라고 말했어. 하지만 실은 그 친구가 그 책 때문에 속을 많이 태웠지. …… 다윈에게 이 말을 모두 전해 주게."

『종의 기원』의 영향력은 아가시의 대표 저서 『미국의 자연사에 관한 투고(Contributions to the Natural History of the United States)』 중 「분류에 관하여」 장의 영향력을 능가하기 시작했다. 미국의 동물학자 아가시는 종의 기원에 대한 자신의 이론을 널리 알렸다. 아가시는 종은 신의 의도에 따라 창조된다는 이론을 펼쳤다. 이 이론에 따르면, 조물주가 창조를 생각하면 종이 소생되고, 조물주가 창조에 대한 생각을 그치면 종은 멸종한다. 이 이론은 당시 미국 학계를 지배하던 초월론(transcendentalist belief)과 일치하는 형태로서, 과학과 종교를 통합하는 완벽한 개념처럼 보였다. 다윈주의자들이 이 이론을 거부하는 이유를 아가시는 아무리 열심히 노력해도 이해할 수 없었다. 그는 죽을 때가 거의 다되어 다음과 같이 불평했다.

그것이 사실이라면 그래서 어떻다는 말인가? 창조의 반복적인 작용에 반대하는 사람들은, 사고가 반복되지 않으면 지식이 발달할 수 없다는 사실을 생각해 본 적이 있을까? 구체적인 정신의 작용을 뺀 생각은 무엇인가? 어떤 다른 원인에 대한 증거가 없기 때문에 자연의 사실이 유사한 과정의 결과라고 추론하는 과정이 왜 비과학적일까?

다윈은 아사 그레이에게 편지를 썼다. "아가시의 명성은 분명히 우리에게 엄청난 부담이지." 그러나 다윈이 친구들에게 쓴 편지에서, 엉뚱하고 역설적이며 종교적으로 영감을 받았다고 일축한 것은, 아가시의 논리와 증거가 아니다. 아가시가 아마존의 지질학에 대한 논문을 쓰면서 진화에 반대하는 주장을 덧붙였을 때, 다윈은 그 논문을 단지 "주로 심리학적인 호기심으로" 읽게 되어 즐겁다고 찰스 라이엘(Charles Lyell, 1797-1875년)에게 말했다.

아가시와 다윈은 두 사람 개인의 갈등과 역사를 훨씬 능가하는 근본적인 분류의 기준 표본이었다. 학계에는 언제나 두 부류의 과학자, 두 부류의 자연 철학자가 있었다. 첫 번째 부류는 조물주나 최소한 인간의 언어로 표현할 수 없는 것을 통해서만 세상을 지배하는 제1원리를 궁극적으로 설명할 수 있다고 본다. 두 번째 부류는 어떤 일의 원인을 찾을 때에는 신에게 의지해서는 안 된다는 폴리비우스(Polybius)의 훌륭한 금언을 따른다. 역사학자 로렌 그레이엄(Loren Graham)은 이 두 진영에 '제한주의자(restrictionist)'와 '확대주의자(expansionist)'라는 이름을 붙였다. 제한주의자들은 과학은 새로운 형태의 설명과 이해가 뒷받침되어야만 성공할 수 있다고 믿는다. 확대주의자들은 어떠한 내재적인 제한도 인정하지 않는다. 확대주의자들은 버트런드 러셀(Bertrand Russell, 1872-1970년)이 내린 과학에 대한 정의를 옹호한다. 러셀은 우리가 알지 못하는 것을 철학이라고 정의하는 것과 구분지어 우리가 알고 있는 것을 과학으로 정의했다.

다윈은 훌륭한 확대주의자였다. 그는 우리가 잠깐만 잘 생각해 보면 알 수 있는 아주 간단하고 자동적인 과정에서 나온 결과물이 생물이라고 설득력 있게 주장해 세상을 놀라게 했다. 어떤 방정식도 광자(光子, photon)도 컴퓨터 판독도 필요하지 않았다. 그의 주장은 단 몇 줄로 요약될 수 있다. 유전 물질의 변이는 계속 일어나며, 어떤 생물은 다른 생물보다 더 잘 생존하며 번식하고 그 결과 생물 진화가 발생한다. 그리고 좀 더 간단히 다음과 같이 요약할 수 있다. 충분한 시간이 주어지면(지구의 역사는 40억 년이 넘는다.) 심지어 완전히 새로운 생물 종류가 나올 수 있다. 다족류로부터 곤충이 나왔고, 폐어로부터 양서류가 나왔고 작은 공룡으로부터 조류가 나왔으며 심지어 무기물로부터 생명 자체가 나온 것처럼 말이다.

이런 명제는 1859년에는 충격적인 것이었다. 왜냐하면 그전에는 거의 모든 사람들이 훌륭한 결과는 훌륭한 원인을 의미한다는, 이 명제와는 정반대되는 가정 아래 연구하고 있었기 때문이다. 수리의 눈, 인간의 손, 고래의 거대한 심장처럼 공학적으로 뛰어난 결과물들은, 신이 이룬 업적도 아니고, 신성하고 심오한 이데아가 발현한 결과도 아니며, 계획을 가진 권능이 만든 결과가 아니라고 하기에는 정말 특별하다. 당시에는 어떤 다른 방식으로 세상을 생각하기가 힘들었다. 그러나 다윈은 가장 복잡한 생물도 일련의 작은 단계들을 통해 자기 조직화된다고 설명했다. 그는 생물학에서 신과 철학을 배제했고, 생물학에게 독자적인 운명을 찾아 주었다.

생물학이 독자적인 운명을 찾았다고 해도, 마음 자체는 어떤가? 뇌도 자연 선택에 따라 진화한다. 마음이 뇌가 창조한 결과물이라면, 마음에는 분명히 물질적 설명이 따라야 마땅하다. 다윈은 자연 선택의 원리를 생각해 낸 직후인 1838년, 노트 N에서 "지금까지 계속 연구해 온 대로 형이상학을 연구하는 것은 마치 역학을 이용하지 않고 천문학 문제를 풀려는 것과 같다. 경험을 통해 볼 때, 마음 자체를 연구해서는 마음의 문제를 풀 수 없다."라고 썼다.

분명히 결론이 나오는 것 같았다. 우리가 마음 자체에 대해 생각하는 것만으로는 마음의 작동 방식과 궁극적인 의미를 이해할 수 없다. 마음의 거점이 원래 물질이라면, 그 거점에는 직접 들어갈 수 없고 뇌를 탐구해 돌아갈 수 있을 뿐이다. 몸의 다른 기관들처럼 뇌를 자연 선택을 통한 진화의 산물로서 간주할 때에만 뇌의 마법 중 일부가 풀릴 것이다. 그래서 다윈은 1838년 노트 M에 다음과 같이 썼다. "인간의 기원은 이제 증명되었다. 형이상학은 크게 발전할 것이다. 비비(개코원숭이)를 이해하는 사람은 존 로크(John Locke, 1632-1704년)보다 형이상학 연구를 더 많이 한 셈이다."

・・・

현대 생물학은 두 가지 중요한 개념에 기초해 성립되었다. 첫 번째 개념은, 19세기에 나온 것으로서, 모든 생명은 자연 선택에 따라 기본적인 단세포 생물에서 시작된 계통을 이어 왔다는 것이다. 두 번째 개념은, 20세기에 완성된 것으로서, 생물은 물리학과 화학의 법칙에 절대적으로 따른다는 것이다. 어떤 외부의 '생명력(vital force)'도 살아 있는 세포를 움직이지 않는다. 이 두 가지 개념은 각각 상대 개념을 입증할 수밖에 없다. 즉 생물이 물리 화학적인 존재라는 주장은 자연 선택의 보편적인 작용을 뒷받침한다. 또 다른 한편으로는 제한된 횟수의 자연 선택을 통해 생물이 진화했다는 것은, 왜 생물이 신비한 생명력을 담는 그릇이라기보다는 물리 화학적 메커니즘인지를 설명하는 데에 도움을 준다.

그래서 확대주의가 지금까지 우세했고, 과학자들은 물리학과 화학의 경계를 넘어 생명과 정신의 영역까지 갔다. 확대주의 지지자들은 빠른 속도로 지식을 양산하게 되었다. 생물학자의 타임머신은 수세기를 거쳐 분자 안으로까지 내려가는 놀라운 기계가 되었다. 타임머신이연 장관은 새로운 시대의 마법에 걸린 땅이다.

하지만 잠깐, **기계?** 새로운 시대의 마법에 걸린 땅을 연다? 이런 말들은 익숙한 느낌을 주지만, 우리는 사실 과학에 대해 느끼는 공포의 핵심, 과학이 역사적으로 인문학으로부터 멀어진 원인에 도달했다. 경성 과학은 불쾌한 학설, '과학 만능주의(scientism)'라는 반감을 산다. 파괴되고 있는 야생 구역에서 분명히 볼 수 있었던 '정원의 기계 딜레마'처럼 정신의 영역에도 정원의 기계 딜레마가 존재한다.

앨프레드 테니슨(Alfred Tennyson, 1809-1892년)은 "과학은 늘어나고 아름다움은 줄어든다."라고 썼다. 1800년대에는 계몽주의 철학에 반대해 자유로운 사고를 중시하는 사람들을 중심으로 시문학계에서 낭만주의적 사조가 주류를 이루었다. 이들은 모든 자연과 인간의 문제가 이성적인 연구 대상이 될 수 있다거나, 뉴턴의 법칙이 물리학이 아닌 다른 분야까지 확산될 수 있다는 생각에 반대했다. 존 키츠(John Keats, 1795-1821년)는 시 「라미아(Lamia)」를 통해 경고했다. "철학은 천사의 날개를 자르리라. / 규칙과 계열로 모든 신비를 정복하고, / 유령이 떠도는 공기와 땅신령이 사는 광산을 비우고/ 무지개를 거두리라."

이런 낭만적인 세계관은 존 보커(John Bowker), 시어도어 로작(Theodore Roszak), 윌리엄 어윈 톰프슨(William Irwin Thompson) 같은 현대 신학자들과 철학자들의 훌륭한 주장 속에 살아 있다. 이들의 고발장은 다음과 같이 요약될 수 있다. "과학은 사물을 줄이고 지나치게 단순화하며 / 압축하고 요약하며 일반론으로 몰고 가고 / 분해할 수 없는 물질을 분해한다고 가정하며 / 정신을 망각하고 / 예술적인 천성의 정열을 가둔다."

과학과 인문학, 두 문화 간의 구분은 찰스 퍼시 스노(Charles Percy Snow, 1905-1980년)에 의해 잘 알려지게 되었고 지금도 계속되고 있다. 이러한 근본적인 구분을 더 이상 하지 않게 되거나 최소한 어느 정도 기분 좋은 방식으로 과학과 인문학이 조화를 이루기까지는 인간과 생물 세계 사이의 관계에는 여전히 문제가 남아 있을 것이다.

파라다이스의 새

이제 생물 세계의 또 다른 부분을 살펴보자. 과학은 예술과 마찬가지로 정확한 형상을 좀 더 먼 의미와 혼합하는 역할을 한다. 즉 매우 일관성이 있어서 진실이라고 받아들이기에 충분한 커다란 유형 안에서 우리가 이미 알고 있는 부분들과 새로 알게 된 것들을 섞는 것이다. 생물학자는 현장에서 연구하는 동안 직관에 따라 이런 부분을 이해하고, 무한히 다양한 자연 유형에서 규칙을 정하려고 노력한다.

미국의 로드 아일랜드와 크기와 형태가 비슷하며, 뉴기니 본토의 북동부 해안에서 튀어나온 뿔 모양으로 풍화된 땅인 후온 반도를 머릿속에 그려 보자. 나는 25세에 정확한 일정도 정하지 않고 이 반도의 기슭을 직접 건너는 고된 여행을 떠났다. 당시 나는 하버드 대학교에서 박사 학위를 받은 직후였고, 발음하기도 어려운 지명의 원격지를 실제로 탐사해 보겠다는 꿈을 꾸던 중이었다. 나는 저지대부터 산맥의 가장 높은 곳까지 가며 개미와 다른 두세 가지 작은 동물들의 표본을 채집하는 여정을 준비했다. 내가 알기로는 이 경로를 선택한 생물학자는 내가 처음이었다. 내가 찾은 거의 모든 게 기록할 가치가 있으며, 채집한 모든 표본이 박물관에서 환영받을 것이라는 사실을 나는 알고 있었다.

남쪽 라에 해안 근처에 있는 한 선교 지부에서 출발해 사흘간 걸어 해발 3,600미터에 달하는 사라와겟 산맥에 올랐다. 교목 한계선 위쪽 초원에는 소철류가 띄엄띄엄 자라고 있었다. 작은 겉씨식물인 소철류는 발육이 덜된 야자수와 모양이 비슷하며 중생대부터 있었다. 아마 이 소철류와 아주 유사한 형태의 고대 소철류를 8000만 년 전에 공룡들이 먹었을 것이다. 어느 쌀쌀한 아침, 구름이 걷히고 태양이 밝게 빛날 때 활을 쏘며 개들과 함께 고산왈라비를 사냥하던 파푸아 섬의 안내원들은 그 자리에 멈춰 섰다. 나 역시 바퀴와 개구리를 알코올 병에 넣기를 중단했다. 우리는 보기 드문 장관을 함께 자세히 살펴보았다. 북쪽으로는 비스마르크 해, 남쪽으로는 마캄 계곡과 더 멀리 헤르조그 산맥까지 보기 드문 장관이 펼쳐졌다. 이 산악 지대 대부분을 덮는 원시림에는 고도에 따라 다양한 초목들이 띠를 이루고 있었다. 우리 바로 아래 지역은 운무림이었다. 이 운무림에서는 나무줄기와 가지가 얽혀 미로를 이루었고, 그 위로 이끼와 난초 등의 착생 식물(epiphyte, 살아 있는 식물의 표면이나 노출된 바위에 붙어서 자라는 식물 — 옮긴이)이 나무줄기와 가지들을 두껍게 덮고 있었으며 나무의 몸통을 감싸면서 이어져 땅 위를 가로지르고 있었다. 고지대를 가로지르는 사냥 길을 따라가 보니, 푹신푹신한 녹색 융단이 깔린 희미하게 빛나는 동굴 속을 기어가는 느낌이었다.

300미터쯤 아래에 있는 지대부터는 초목들의 간격이 약간 벌어졌으며 마치 전형적인 저지대 우림처럼 보였다. 다만 저지대 우림보다는 나무들이 작고 조밀하게 자랐으며 나무 몇 그루로부터 매우 가는 판근(나무의 곁뿌리가 평판(平板) 모양으로 되어 땅 위에 노출된 것 — 옮긴이)들이 뻗어 내려 있었다. 식물학자들은 이러한 지대를 '중산간 삼림(mid-mountain forest)'이라고 부른다. 이곳은 새, 개구리, 곤충, 종자 식물 등의 생물 수천 종이 서식하는 매혹적인 세계이며, 이 생물들 중에는 다른 곳에서는 전혀 볼 수 없는 것들이 많다. 이 생물들은 함께 어우러져 파푸아 섬에서 가장 풍부하고 순수한 동식물상을 이룬다. 중산간 삼림에 가 보면 수천 년 전 인간이 나타나기 전에 존재하던 생물을 예전 모습 그대로 볼 수 있다.

이 환경에서 보석처럼 빛나는 존재는 흰색장식풍조(*Paradisaea guilielmi*) 수컷이다. 흰색장식풍조는 세상에서 가장 아름다운 새라고 할 만하다. 세계에서 겉모습이 멋있는 새의 순위를 매긴다면, 이 새가 분명히 20위 안에 들 것이다. 숲 속의 갈림길을 조용히 따라가 보면, 나무 꼭대기 근처의 이끼 덮인 가지 위에 앉은 이 새를 볼 수도 있다. 흰색장식풍조의 머리는 까마귀의 머리처럼 생겼다. 풍조와 까마귀는 가까운 친척이므로 이것은 그리 놀랄 일이 아니다. 그러나 보통의 새와 비슷한 겉모습은 이것뿐이다. 이 새의 볏과 윗가슴은 금속성 광택이 나는 녹색이며 햇빛을 받으면 빛난다. 등은 광택이 나는 노란색이며, 날개와 꼬리는 짙은 적갈색이다. 유백색 깃털 술이 옆구리와 가슴 측면부터 나 있으며 끝으로 갈수록 결이 섬세해진다. 꽁지 깃털은 철사 모양의 부속지로서 가슴과 꼬리를 지나 새 전체 길이와 같은 길이로 뻗어 있다. 부리는 청회색이며, 눈은 밝은 황갈색이고, 발톱은 갈색과 검은색이 섞여 있다.

짝짓기 철이 되면 수컷은 다른 수컷들과 함께 높은 나뭇가지의 공동 구애장에 모여서, 좀 더 수수하게 차린 암컷들에게 눈부신 장식을 과시한다. 수컷은 섬세한 측면 깃털들을 세우며, 날개를 펴서 흔들어댄다. 수컷은 발랄한 플루트 소리 같은 음조로 힘차게 울고, 나뭇가지 위에 거꾸로 매달리며, 날개와 꼬리를 펴고 꽁지깃을 하늘을 향해 올린다. 그리고 이 춤이 절정에 달하면, 수컷이 부르르 떨며 녹색 가슴 깃털을 부풀리고 측면 깃털을 펼쳐서 몸 주위로 눈부신 하얀 원을 그려 머리와 꼬리와 날개만 위에 나와 있게 된다. 수컷은 마치 산들바람 속에 있는 듯이 부드럽게 몸을 옆으로 흔들면서 깃털을 우아하게 펄럭인다. 좀 떨어져서 보면 수컷의 몸은 이제 빙빙 도는 흐릿한 흰색 원반 같다.

후온 숲에서 벌어지는 이 비현실적인 장관은 수백만 세대에 걸친 자연 선택의 결과이다. 이 자연 선택에서 수컷은 경쟁을 하고 암컷은 선택을 했다. 과시 행동을 위한 수컷의 장식은 시각적인 극단으로 치달았다. 이것은 기나긴 인과 관계의 한 고리일 뿐이며, 그 변화를 지배하는 것은 생리학적인 역사이다. 흰색장식풍조의 깃털로 덮인 외관 이면에는 먼 옛날 그들의 전성기와 관련된 구조가 숨겨져 있다. 이 세부 구조는 자연주의자가 공공연하게 기록한 색깔과 춤을 통해 상상할 수 있는 범위를 넘는다.

생물 연구 대상으로서, 분석적인 방식으로써 잠깐 이 새를 생각해 보자. 이 새의 염색체에는 흰색장식풍조 수컷을 만드는 발생 프로그램이 암호화되어 있다. 완성된 신경계는 현존하는 어떤 컴퓨터보다도 복잡한 섬유속 구조를 이루고 있다. 이 신경계를 분석하는 일은 뉴기니 열대 우림 전체를 걸어서 조사하는 것만한 도전 가치가 있다. 언젠가 이러한 미시 연구를 통해 우리는 원심성 신경 세포가 골근계에 전달하는 전기 명령에 따라 수컷의 춤이 절정에 도달하는 경로를 추적할 수 있을 것이다. 또 이런 연구를 통해 구애하는 수컷의 춤을 부분적으로 재현할 수 있을지도 모른다. 또 이 과정을 세포 수준으로, 즉 효소 촉매 작용, 미세 섬유 배열, 전자 방출 시 나트륨 수송 활성화 현상 등으로 이해할 수 있을 것이다. 생물학자들은 시공간 전 범위를 망라해 연구하기 때문에 각 연구 단계에서 자연에 대한 경이감을 되살리는 발견을 더 할 수 있다. 인식의 규모를 마이크로미터(1,000분의 1밀리미터)와 밀리초(1,000분의 1초)로 바꾸어 보면, 실험실 과학자가 자연주의자의 대륙 횡단 여행과 같은 고된 여행을 한다는 사실을 알게 될 것이다. 이 실험실 과학자는 자기식의 산꼭대기에서 세상을 본다. 그의 모험심과, 개인적인 고난의 역사, 시행착오, 성공 등은 모두 근본적으로 자연주의자의 것과 같다.

이런 식으로 설명하면, 흰색장식풍조는 인문주의자들이 가장 혐오하는 과학의 일면에 관한 은유처럼 보인다. 즉 과학은 자연을 훼손하고, 과학에는 예술적 감수성이 없으며, 과학자들은 잉카 시대 황금을 녹인 정복자들과 다를 바 없다는 주장의 근거가 될 것 같다. 하지만 1분 만 더 참고 들어 보자. 과학은 분석적이기만 한 것이 아니라 종합적이기도 하다. 종합 단계에서 과학은 예술 같은 직관과 비유적인 묘사를 이용한다. 초기 분석 단계에서는 각 행동을 유전자와 신경 감각 세포 수준으로 분석할 것이다. 사실 이 유전자와 신경 감각 세포에서 동물의 행동이 기계적으로 도출된다. 그러나 종합 단계에서는 이 생물 단위의 가장 기본적인 행동조차 복잡하고 난해한 사회 생물학적 맥락에서 이해되어야 한다. 깃털, 춤, 일상 생활 등 흰색장식풍조의 외적인 특징은 이 새를 더 깊이 있게 이해하기 위해 반드시 이해해야 하는 기능적인 특징이다. 우리는 인식과 감정을 놀랍고 즐거운 방식으로 바꾸는 총체적인 특징으로 이 새를 다시 정의할 수 있다.

어렵게 얻은 분석 정보를 모두 종합해 흰색장식풍조를 재구성할 때가 올 것이다. 사람들은 새로 발견한 능력을 이용해 다시 몇 초와 몇 센티미터의 친숙한 세계로 돌아갈 것이다. 그곳에서 반짝이는 깃털이 다시 무늬를 이루고, 그 모습은 나뭇잎과 안개 사이로 보일 것이다. 그러면 우리는 그 밝은 눈과, 머리가 돌아가고 날개가 펴지는 모습을 다시 보게 된다. 그러나 이 익숙한 움직임은 훨씬 더 확장된 인과 관계 속에서 보일 것이다. 우리는 이 종을 더 완벽하게 이해할 것이며, 잘못된 환상을 품기보다는 더 종합적인 지식과 지혜를 가지게 될 것이다. 그리고 지적인 주기의 한 순환이 완성된다. 종의 진정한 물질적 특성을 연구하는 과학자의 흥분이 줄어들고 나면, 일부 사냥꾼과 시인은 좀 더 오랫동안 반응을 보일 것이다.

먼 옛날부터 전해 내려온 반응은 어떤 것일까? 그 완전한 답은 과학과 인문학의 통합된 언어를 통해서만 얻을 수 있고, 그 언어를 통해 그 답을 찾는 문제 자체로 연구 방향을 틀 수 있다. 흰색장식풍조처럼 인간도 분석적이고 종합적인 조사를 기다린다. 언제나처럼 우리는 명예로운 전통을 이어받아 생리학적 시간을 통해 전통적인 예술의 방식으로 감정과 신화를 관망할 수 있다. 그러나 우리는 정신 발달 과정, 두뇌 구조, 그리고 유전자 자체 같은 물리적인 토내를 분석함으로써, 과학 시대 이전에 가능했던 것보다 더 깊이 감정과 신화를 통찰할 수도 있다. 심지어 고대인의 감정과 신화가 얽힌 과거 문화사를 통해 인간 본성이 진화했던 근원까지 추적할 수도 있다. 생물학 연구로 새로운 종합이 새로운 단계로 나아갈 때마다 인문학의 범위와 가능성은 확장될 것이고, 과학 역시 인문학의 방향이 재설정될 때마다 인간 생물학에 새로운 차원을 더할 것이다.

시적인 종, 인간

　화성에 바이킹 탐사선이 도착한 것은 20세기의 가장 극적인 사건으로 손꼽힌다. 바이킹 탐사선은 미국이 독립한 지 200년이 되는 날인 1976년 7월 4일에 화성에 도착하기로 예정되어 있었지만 실제로는 7월 20일에 도착했다. 과학자들이 이만큼 크게 흥분한 사건은 별로 없었다. 화성에서 바로 생물이 발견되어 새로운 생물학이 단번에 탄생할 확률은 극히 적었다. 이 뉴스를 들은 많은 사람들이 나와 같은 생각이라는 사실을 알고 있었지만 나는 이 뉴스에 좀 더 개인적인 관심이 있었다. 나는 언제나 원기 왕성한 칼 세이건(Carl Sagan, 1934-1996년)이 1964년에 주관한 회의에 참석한 적이 있다. 우리는 망원경으로 볼 수 있는 입수 가능한 최고의 자료를 조사해, 화성에 생물이 존재할 가능성과 그 생물을 분석할 방법을 모든 측면에서 추측했다. 나는 즉시 '외계 생태학자' 역할을 하며, 그다지 심각하게 생각하거나 결과를 따지지 않고 화성의 어두운 지대에 생물학적 구조가 존재한다고 보았다. 이 어두운 지대는 중앙 위도 전체에 광범위하게 걸쳐 움푹 들어가 있는 곳으로서 나중에 모래 폭풍으로 판명되었다. 회의 참석자들은 확실한 결론을 내리지 못했지만 계획 중인 미국 항공 우주국(NASA) 프로그램에 큰 기대를 걸며 돌아갔다.

마침내 12년을 기다린 끝에 생물이 발견될 가능성이 있는 화성에 자신이 직접 서 있는 것처럼 화성 표면을 자세히 볼 수 있게 되었다. 카메라가 착륙선의 바닥부터 지평선까지 크라이세 평원을 자세히 찍어서 컬러 사진을 1밀리미터 이하의 최대 해상도로 전송했다. 결과는 실망스러웠다. 덤불 하나 풍경에 찍히지 않았고, 동물 한 마리 렌즈 앞을 지나가지 않았다. 기계로 만든 팔이 퍼 올린 흙을 화학적으로 분석한 결과 생물이 있는 것과 유사한 반응을 보였지만, 미생물이 존재한다는 증거는 없었다. 그러나 화성의 전체적인 장면은 매우 흥미로웠다. 여러모로 지구와 놀라울 정도로 유사한 또 다른 세계에 우리가 착륙했다. 익숙해 보이는 사막이 지평선에 닿아 있었고, 태양이 질 때 희박한 대기가 잠깐 분홍색과 청록색으로 물들었다. 1미터쯤 떨어진 곳에 보이는 반만 묻힌 자갈과 움푹 팬 흙은 모두 우리가 관심을 두고 무언가를 상상할 만했다.

그러나 여기까지가 끝이었다. 현기증 날 정도로 엄청난 가능성은 그저 알려진 사실로만 축소되었다. 사막 평원인 크라이세 평원에 쌓인 차가운 먼지는 잡지 사진으로 발표된 후, 기술 논문, 교과서, 그리고 백과사전에 실렸다. 이제 화성 탐사 결과는 평범한 사실로 간주되어 학생들이 여가 시간에 읽는 흥밋거리로 전락했다. 화성 전체에 관한 연구가 1년 안에 절정에 도달했지만, 아직 우리가 알아야 할 것들을 알지 못하고 있다.

과학 문화의 최종 목표와 척도는 새로운 사실의 발견이다. 따라서 새로 발견된 사실에 대한 이러한 관심은 이어서 발견된 새로운 사실들로 인해 금방 사라진다. 과학자는 알기 위해 발견하는 것이 아니라 발견하기 위해 안다. 이런 목적의 전도(轉倒)는 하나의 특징일 뿐만 아니라 문제의 핵심이다. 인문학자들은 지식인 부족의 무당으로서 지식을 해석하고 민속학, 의식, 경전을 전달하는 현인이다. 반면 과학자들은 정찰병이자 사냥꾼이다. 과학지가 알고 있는 것에 대해 과학자에게 보상해 주는 사람은 없다. 과학자들은 지식인 부족에 새로운 사실과 이론을 발표해야 노벨상을 비롯한 상들을 받는다. 한 과학자가 아무리 멍청한 행동과 의견을 보였어도, 한 가지 위대한 발견을 했다면, 그 발견과 과학자는 영원히 훌륭하다고 평가받을 것이다. 반대로 과학자가 과학 문제에 박식하고 아무리 현명해도 발견한 성과가 없으면 아마 그는 사람들의 기억에서 사라질 것이다. 인문학자는 지혜가 자라면서 성장한다. 인문학자는 비평가로서 영원히 기억될 수 있으며, 당연히 그럴 만하다. 그러나 과학자들은 아직 그런 비평가가 될 수 없다. 과학자들 중에 가장 기억할 만한 비평가들은, 발견자들이 연구 도중에 한 실수를 고칠 수 있도록 도와서 발견자들을 돋보이게 한 사람들이다. 그래서 에머슨과 롱펠로가 아낀 훌륭한 과학자 아가시는 당시 대서양 서쪽 연안 강연장들에서는 우상이었지만, 지금은 다윈에 대해 잘못 생각한 사람으로 기억되는 경우가 대부분이다.

따라서 과학자들은 발견을 하기 위해 지식의 경계에 도달하려고 애쓰는 데에 노력을 기울인다. 1900년대 초기의 대표적인 수학자 다비트 힐베르트(David Hilbert, 1862-1943년)는 이 법칙을 아주 잘 설명했다. "과학의 한 분과가 많은 문제를 제공하는 한, 그 분과는 살아남을 수 있다. 문제가 부족하다면 분과가 없어지거나 독자적인 발달이 중단될 전조라고 보면 된다."

과학자는 아주 낭만적인 사람이다. 과학자는 크게 성공하기를 기대하며 활기차게 매일 실험실이나 현장으로 향한다. 과학자는 보물을 찾아다니는 답사자의 형제이다. 작은 발견을 한 번 하는 것은 해저에서 금화 한 닢을 줍는 일과 같다. 과학 전문가가 실제로 하는 일, 과학적인 노력 중 가장 중요한 부분은 한가롭게 즐기며 일하는 것이라 할 수 있다. 과학자들은 결국 대개는 어떤 작은 사항을 밝힐 때까지 가치 있는 문제를 찾으려 하고, 실험을 생각해 내고, 데이터를 숙고하며, 동료들과 복도에서 논쟁하고, 커피를 마시고, 연필을 깨물며, 추측한다. 그리고 편지와 전화 통화가 급하게 오간 후, 과학자들은 기준에 맞는 용어로 짧은 논문을 쓰게 된다. 대부분의 과학자들은 열심히 일하며 확실한 기술을 보유하고 있는 유쾌한 사람들로서, 머리가 아주 비상하지는 않지만 자기 뜻에 맞는 일을 하며 자기 길을 가는 사람들이다.

아인슈타인은 막스 플랑크(Max Planck, 1858-1947년)의 예순 번째 생일 파티 때 기념 연설을 했다. 그는 세 유형의 사람들이 과학의 전당을 차지한다고 말했다. 우선 순전히 실리적인 이유 때문에 소명을 발휘해 인류에 필요한 것을 발명하는 사람들이 있다. 또 과학의 즐거움에 매혹되어, 높은 지능을 이용해 자신의 야망을 이루는 사람들도 있다. 아인슈타인은 하느님의 천사가 와서 이 처음 두 범위에 속한 모든 사람들을 과학의 성전에서 몰아낸다면, 플랑크를 비롯한 몇 사람밖에 남지 않을 것이며 "그래서 우리는 플랑크를 좋아합니다."라고 말했다.

동료들이 존경하는 과학자들은, 매우 독창적이며, 또한 아집과 이데올로기가 판치는 세상에서도 진실의 이상향을 신봉한다. 이들은 명예를 잃는 희생을 감수하면서까지 새로운 지식을 선취하기 위해 엄격한 시험을 거친다. 이들은 토머스 헨리 헉슬리(Thomas Henry Huxley, 1825-1895년)의 기도처럼, 비록 어떤 사실 때문에 자신이 파멸하더라도 그 사실을 직시한다. 이들의 목표는 단순성과 잠재력이 제대로 섞여 이루어진 우아한 자연 법칙을 발견하는 것이다. 과학자들은 수많은 개별 연구자들의 실험을 유일하게 설명함으로써 경쟁 상대를 물리친 이론을 수용한다. 이 이론은 고치기 어렵고 때로는 불편한 데이터에 계속 노출되면서 만들어진 깔끔한 수단이다. 이와 반대로, 이상적인 실험은 경쟁자들이 주장하는 경쟁 이론들을 조정하는 실험이다. 논리적으로 엄정하고 양적으로 풍부한 주장들을 연결함으로써 다른 분야를 설명하기에 유리한 이론과 이 이론을 지지하는 데이터가 모두 들어맞을 때에만 이 이론과 데이터가 계속 수용된다.

이 정연한 개념은, 이 개념이 만드는 심오한 인식론적 문제와 이 개념이 암시하는 생물학적 과정 때문에 좀 더 흥미로워진다. 우아함은 외부의 현실보다는 사람 마음이 이루는 결과물이다. 우아함은 유기체 진화로 이루어진 결과물로 볼 때 가장 잘 이해할 수 있다. 뇌는 우아함에 의존해 자체의 작은 크기와 짧은 수명을 보충한다. 대뇌 피질은 수십만 년에 걸친 진화를 통해 유인원과 같은 단계부터 시작해 발달하면서, 기억을 확장하고 계산 속도를 늘려 왔다. 마음은 유추와 은유를 세분화한다. 즉 마음은 무수한 감각적 경험을 포괄하고 필요할 경우 즉각적으로 복구할 수 있도록, 실현 가능한 범위 안에서 이 경험을 언어를 가지고 단계별로 세분화한다. 과학의 본질은 최소한의 노력으로 최대한의 정보를 담는 데 있다고 해도 과언이 아니다. 과학 이론의 아름다움은 대칭성과 경이로움, 그리고 다른 지배적 신념들이 조화를 이루는 계층 구조의 간결함에서 나온다. 널리 수용된 이 정의 때문에, 폴 에이드리언 모리스 디랙(Paul Adrien Maurice Dirac, 1902-1984년)은 전자의 행동들을 이해하고 나서 물리학에서는 아름다운 이론이 옳을 가능성이 가장 높다고 말할 수 있었다. 또 양자 이론과 상대성 이론을 완성한 헤르만 바일(Hermann Weyl, 1885-1955년)은 더 솔직한 고백을 했다. "나는 연구 중에 항상 진리와 아름다움을 결합하려고 노력했다. 그러나 둘 중 하나를 선택하라면 언제나 아름다움을 선택했다."

아인슈타인은 진리 대 아름다움의 딜레마에 대한 해결책을 다음과 같이 제시했다. "신은 우리가 겪는 수학적인 어려움에 신경 쓰지 않는다. 신은 경험적으로 통합한다." 다시 말하면 무한하게 기억을 저장하고 계산할 수 있는 마음은, 시간은 엄청나게 걸릴지 모르지만, 구성 요소들이 아무리 다양하고 많아도 그 요소들이 모여서 만들어 내는 결과를 계산할 수 있다. 수학과 아름다움은, 인간이라는 종이 유전적으로 물려받은 제한된 지적인 능력이자 생존 과정에서 얻은 장치이다. 감식안과 성욕처럼 이 미적인 장치는 즐거움을 준다. 좀 더 기계학적인 용어로 말하자면, 미적인 장치는 생존과 번식을 촉진하는 방식으로 대뇌 변연계의 회로를 이용한다. 미적인 장치는 과학자가 우연히 미답의 시공간에 갔다가 돌아와 그 발견 내용을 발표하고 자신의 사회적인 역할을 수행하게 만든다. 리만 기하학(Riemannian geometry, 비(非)유클리드 기하학 가운데 하나 — 옮긴이)은 풍조만큼 아름답다고 한다. 인간이 선천적으로 리만 기하학의 대칭과 힘을 받아들일 준비가 되어 있기 때문이다. 인간은 즐거움을 공유하며 승리의 의식을 치르고, 공동 사냥을 재개한다. 다비트 힐베르트는 헤르만 민코프스키(Hermann Minkowski, 1864~1909년)를 위한 추도문에서 식물의 이미지로 이 끊임없는 주기를 설명했다.

우리가 무엇보다도 사랑한 과학은 우리를 하나로 모았습니다. 과학은 우리에게 꽃이 피는 정원과 같았습니다. 이 정원에는 누구라도 한가하게 돌아보고 특히 마음에 맞는 친구 옆에서 아무런 노력 없이도 즐길 수 있는 오래된 길이 있었습니다. 그러나 우리는 감춰진 길을 찾기도 좋아했으며 우리 눈을 즐겁게 하는 예기치 않은 많은 장관을 찾았습니다. 그리고 한 사람이 다른 사람에게 이 장관을 알려 주어 함께 그 장관에 감탄할 때 우리의 기쁨은 완성되었습니다.

과학의 혁신은 때로는 시처럼 생각되며, 나는 적어도 맨 처음 단계에는 그렇다고 주장하고 싶다. 이상적인 과학자는 시인처럼 생각하고 시계처럼 일하며 언론인처럼 글을 쓴다고 말할 수 있다. 이상적인 시인은 시인처럼 생각하고 일하고 글을 쓴다. 두 직업은 같은 잠재 의식적 근원을 가지고 있으며 비슷한 원시적 이야기와 형상에 의존한다. 그러나 과학자들은 특별한 사례들이 들어맞는 공식을 일반화하겠다는 목표 아래 자연 법칙을 통합하려 하지만, 예술가들은 특별한 사례를 즉각적으로 창조한다. 예술가들은 자신의 모습이 드러나도록 지식을 전달한다. 예술가들의 작품은 예술가 각각의 정열에서 탄생한다. 로저 섀턱(Roger Shattuck)의 표현에 따르면, 무엇보다도 예술가들은 "각 작품은 자신의 행동을 설명할 수 있는 동인(動因)이며 인간의 위대함을 나타내는 잠재적인 중심"이라고 확신한다.

예술의 목표는 어떻게, 또는 왜 결과가 나오는지를 보여 주는 것(그것은 과학이 될 것이다.)이 아니라 문자 그대로 결과를 만드는 것이다. 또 예술은 가슴 속의 어떤 외침으로만 이루어지지 않는다. 과학과 마찬가지로 예술에도 정신적인 훈련이 필요하다. 토머스 스턴스 엘리엇(Thomas

Stearns Eliot, 1888-1965년)은 시에서 자주 인용되는 장엄의 범주가 빗나갔다고 설명했다. 감정의 탁월성보다는 예술적인 과정의 강도, 즉 융합이 일어나는 압력이 중요하다. 위대한 예술가는 다른 예술가들에게 외과 의사의 방식으로 충동을 일으키며 영향을 주어 감정을 정확하게 전달한다. 위대한 예술가의 작품은 형식상으로는 개인적이지만 사실상 일반적이다.

이론상으로 예술은 여러 문화를 넘나들 만큼 강력하다. 예술가는 인간 본성의 암호를 읽는다. 옥타비오 파스(Octavio Paz, 1914-1998년)의 시 「깨어진 물 항아리(El Cántaro Roto)」는 놀라운 효과를 통해 이런 결과를 이룬다. 파스는 멕시코에서 모순적인 상황을 직접 보고 마음이 괴로웠다. 그는 멕시코 인들이 상상의 나래를 펼쳐 아름다움을 통찰할 수 있다고 말했다. 멕시코 인들은 하늘을 보고 횃불, 날개, "불타는 섬의 팔찌"를 떠올렸다. 그러나 그들은 육체적, 정신적인 빈곤을 상징하는 건조한 풍경을 내려다보기도 했다. 그리고 잠재적으로 위대한 국가가 정복에 의해 분열되었고 억압에 짓눌렸음을 읽어 낸다.

> 대단한 광채 아래 헐벗은 언덕, 차가운 화산, 돌과
> 헐떡이는 소리, 그리고 갈증과 먼지의 맛,
> 먼지 속에 바쁘게 움직이는 맨발, 들판 가운데
> 돌 같이 굳은 샘과 같은 키 큰 나무 한 그루!

파스는 잘못된 것으로 판명되기 쉬운 실질적인 충고 형태로 해결책을 제시하지 않고 시간을 되짚어 연구해, "세례수 저 너머로(más allá de las aguas del bautismo, 태어나기 이전의 더 원초적 상태, 즉 존재의 비밀을 향하여 — 옮긴이)" 화합의 미래상을 보이는 형태로, 보다 확고한 형이상학적인 진실을 통해 해결책을 제시한다. 파스는 이렇게 말했다.

> 삶과 죽음은 대립하는 세계가 아니다. 우리는 한 줄기에 두 가지 꽃을 피우고 있다.

멕시코는 시간의 연속성으로 하나가 되어, 두 가지 꽃을 피운 한 줄기가 된다.
    예술의 본질은 과학과 마찬가지로 제유(提喩)이다. 신중하게 선택한 일부분이 전체를 나타낸다. 유추로 직접 인식되거나 암시된 주제의 일부 특징이 의도된 특성을 정확하게 전달한다. 듣는 사람은 한 가지 놀라운 이미지에 따라 움직인다. 파스는 「깨어진 물 항아리」에서 "먼지 속에 바쁘게 움직이는 맨발"이라는 표현을 통해 멕시코의 빈곤을 전한다. 이 예술가는 독자들이 공유하는 어떤 감수성이 훌륭한 영향력을 발휘할 수 있음을 알고 있다.
    피카소는 예술이란 우리가 진실을 보도록 돕는 거짓말이라고 정의했다. 이 경구는 예술과 과학 모두에 적용된다. 왜냐하면 두 영역 모두 각각의 방식으로 우아함을 통해 권력을 추구하기 때문이다. 그러나 이 영감에 따른 왜곡은 사고와 의사 소통의 한 기법일 뿐이다. 그보다 둘 사이에는 훨씬 더 근본적인 유사성이 있다. 예술과 과학은 모두 발견을 계획한다. 또 우리의 생물학에는, 그리고 인간이 다른 생물들과 맺는 관계에는 구속력이 있다. 예술가들은 마음의 작용을 탐구한다. 그러나 과학자들은 대체로 세계를 탐구한다. 그리고 이제야 마음의 작용도 탐구하고 있다. 예술과 과학 모두 똑같이 유추와 은유에 의존한다. 왜냐하면 예술과 과학 모두 정보 처리 과정에서 뇌의 엄격하고 고유한 제한을 받기 때문이다.

대부분의 과학자들은 한두 번쯤 자신의 발견 과정에 대해 의식할 때가 있다. 단 2~3초밖에 안 걸리는 한 번의 통찰로 중요한 진전이 이루어질 수 있다. 과학 이론은 마지막 남은 위대한 수공업이다. 숨겨진 비밀의 메타 공식이 있어서, 마음이 그 메타 공식에 따라 눈에 보이는 공식을 만드는 것은 아닐까? 이 문제는 인지 심리학자들이 창조성을 연구할 때 제기되었다. 지난 10년간 행동주의 철학의 철권 통치가 누그러지고 마음 연구가 좀 더 인정받게 되면서 인지 심리학자들의 연구는 급속도로 발전했다. 과학자들도 이와 똑같은 무게로 자신의 발견 단계들에 대해 증언했다. 프리먼 다이슨(Freeman Dyson), J. B. S. 홀데인(J. B. S. Haldane, 1892~1964년), 베르너 하이젠베르크(Werner Heisenberg, 1901-1976년), 윌러드 리비(Willard Libby, 1908-1980년), 앙리 푸앵카레(Henry Poincaré, 1854-1912년), 존 휠러(John Wheeler, 1911-2008년), 양전닝(楊振寧) 등의 과학자들이 쓴 논문들은 정신 작용 중에서도 가장 파악하기 어려운 이 문제를 다룬

진정한 심리학 사례집이 되었다.

　나는 메타 공식을 찾는 연구를 하면서 이전 이론이 거의 없거나 전혀 없는 주제에 관해, 설명의 테두리 안에 정보를 배치하고 연결할 잘 정의된 생각의 틀도 없는 상태에서, 유능한 수학자들과 함께 연구하는 행운을 잡았다. 나는 내가 수학에 재능이 별로 없다는 사실을 일찍부터 깨달았다. 수학적 재능은 사람에게 그저 있을 수도 있고 없을 수도 있는 것이다. 대부분의 사람들이 바이올린 연주가나 육상 선수가 될 능력이 거의 없듯이, 수학적 재능 역시 훈련이나 노력으로 얻을 수 없다. 나는 대학에서, 또 젊은 교수 시절에도 열심히 수학을 공부했지만 수학 실력은 형편없었다. 학술지에 실린 순수 이론에 관한 논문들은 어떻게 해서든지 이해할 수 있지만, 한두 가지 쉬운 명제로부터 직관과 반대되는 새로운 진실로 마음을 옮기는 독창적인 방정식은 쓸 수 없었다. 그러나 내게는 우선 문제를 이해하고 적합한 이론적 발판과 아름다운 사실이 적소에 주어지면 문제가 어떻게 보일지를 마음속에 그리는 능력이 있다. 나는 첫 이론을 기다리는 혼란스러운 영역만큼 매력적인 영역은 없다고 생각한다. 빛나는 데이터들이 뒤죽박죽 섞여 있고 이 데이터들이 합쳐지면 처음으로 어떤 새로운 유형이 되리라는 생각을 하면 그 어느 때보다 편안하다. 나는 이런 성향 때문에 수학자들과 특히 좋은 관계를 유지할 수 있었다. 나는 그들이 생각하는 방식에 매료되었고, 왜 그들이 나보다 양적인 추론에 훨씬 더 능한지, 그 점이 결국 어떤 차이를 만들었는지, 왜 내가 특정 방향으로 나가야 한다고 그렇게 자주 제시하지만 훨씬 더 자주 그렇게 할 수 없는지, 그리고 결국 작은 진전이 이루어진 후에 모든 것이 어떻게 달라져 보였는지에도 매료되었다.

이 개인적인 경험과 다른 과학자들이 기록한 생각으로부터, 과학 혁신의 대략적인 단계를 제시해 보겠다. 우선 우리는 한 가지 주제를 사랑하게 된다. 과학자들은 새, 확률론, 폭발물, 별, 미분 방정식, 폭풍 전선, 수화, 호랑나비 등에 어릴 때부터 흥미를 느낀다. 이 주제들은 과학자의 나침반이 되어, 성장하면서 바꾸기 쉬운 정신 세계의 안식처가 될 것이다.

분자 생물학의 한 선구자(가장 선구적인 연구가 1950년 이후에 나왔기 때문에 아직 젊다.)는 어린 시절 조립 세트를 선물받고 나서 DNA 분자 복제에 매료되기 시작했다고 말했다. 그는 장난감을 가지고 놀면서, 똑같은 단위가 늘어나고 재배열되는 것을 통해 창조의 가능성을 보았다. 위대한 야금학자 시릴 스미스(Cyril S. Smith, 1903-1992년)는 자신이 색맹이기 때문에 합금 연구에 몰두하게 되었다고 말했다. 스미스는 색맹이라는 장애 때문에, 어릴 때부터 자연 어디에서나 보이는 검은색과 흰색으로 된 복잡한 무늬, 소용돌이무늬, 가는 줄 세공에 관심을 기울이게 되었고, 결국 금속의 미세한 구조에 관심을 갖게 되었다. 알베르 카뮈(Albert Camus, 1913-1960년)는 이러한 모든 혁신자들을 대표해서 다음과 같이 말했다. "인간이 창조하는 작품이란, 예술이라는 우회의 길들을 거쳐서, 처음으로 가슴을 열어 보였던 두세 개의 단순하고도 위대한 이미지들을 다시 찾기 위한 기나긴 행로에 불과하다."

과학자들이 좋아하는 주제는 다른 사람들에게도 잘 알려진 경우가 대부분이다. 따라서 과학자는 이전에 관심을 받지 못한 분야를 선택해 의식적으로 연구 방향을 바꾸어야 한다. 사회가 이 힘든 과정을 가치 있다고 인정하고 보상해 주었기 때문에 서양 문화에서 과학이 발달했다. 창의적인 생각보다 하기 어려운 일은 없다. 제아무리 유능한 과학자라도 깨어 있는 시간 중에 극히 일부분의 시간 동안만 창의적인 생각을 한다. 아마 깨어 있는 시간의 0.1퍼센트도 안 될 것이다. 나머지 시간에 과학자의 지성은 잘 알려진 해안 근처의 바다를 항해한다. 과학자는 이전 정보를 다시 연구하고 얼마 안 되는 데이터를 추가하며, 다른 과학자들의 생각에 마지못해 관심을 기울이고(내가 그들의 생각을 이용해서 무얼 할 수 있을까?) 성공적인 실험을 기억하는 데에 서서히 열중하고 문제점을 찾는다. 과학자들은 늘 문제점을 찾으며, 이 문제점은 해결될 수 있고 어딘가로 과학자들을 이끌 것이다.

과학자들이 문제점을 찾는 데에 어느 정도의 창의성이 있어야 가장 좋은지를 가늠하기는 힘들다. 해안에만 머물러 잘 알려진 것들만 본다면, 사소한 새 데이터만 얻을 수 있다. 또 위험을 무릅쓰고 멀리 나아가면 바다에서 길을 잃을 위험이 있다. 그러면 몇 년간 쏟은 노력이 헛수고가 되고 경쟁자들은 이 계획이 사이비 과학이라고 은근히 비방할 것이며, 보조금과 다른 후원금은 끊길 것이고, 종신 재직권과 학계의 신임도 사라질 것이다. 과도하게 대담무쌍한 행동을 하면 결국 세계의 끝까지 항해하게 된다.

심리학자들과 성공적인 항해자들 모두 한 가지에는 동의한다. 즉 창의적인 상상의 핵심 기구는 유추이다. 유카와 히데키(湯川秀樹, 1907-1981년)는 핵력을 연구하며 40년 동안 이 문제를 숙고해 다음과 같이 설명했다.

> 누군가에게 이해할 수 없는 문제가 있다고 가정해 보자. 그는 잘 알고 있는 어떤 다른 문제와 이 문제가 유사하다는 사실을 우연히 알아차리게 된다. 그는 이 둘을 비교함으로써 그때까지 이해하지 못했던 문제를 이해하게 될 수도 있을 것이다. 만일 그가 이해한 문제가 적절하다고 판명되고 다른 어느 누구도 그전에는 그렇게 이해하지 못했다는 사실이 밝혀진다면, 그는 자신의 생각이 창조적이라고 주장할 수 있을 것이다.

이제 인간의 과학과 예술이 공통적으로 어떤 유래를 갖고 있는지 살펴보자. 혁신가는 다른 누구도 한 적이 없는 비교를 찾는다. 그는 주장, 예시, 실험을 통해 더 분명하게 이 비교를 확장하려고 급히 움직인다. 처음에 희미하게 감지되는 유사성만으로는 중요한 과학이라고 할 수 없다. 중요한 과학은 미답의 영역으로 가는 길의 지도를 만드는 일에 비유되고는 한다. 이것은 예술 비평가들이 사용하는 중요한 은유라고도 할 수 있다. 여러 단위 요소를 종합한 위풍당당한 하나의 복잡한 개념은 분석을 통해서가 아니라 객관적인 관계를 인식함으로써 갑자기 나온다.

이론 과학자들은 안전하고 알려진 것에서 조금만 움직여, 돌아갈 수 있는 가능성을 열어 두며, 편견 없는 이해력을 발휘해 자연과 대면한다. 이들은 발견한 내용을 분해해, 수학 모형이나 정확하게 인식된 관계를 정의하는 여타 추상 개념의 형태로 연결한다. 이들은 본래부터 따뜻한 인간의 마음이 모을 수 있는 최대한의 냉정함과 최소한의 피상적인 연민의 정을 가지고 지금 드러난 개념을 면밀히 조사한다. 이론 과학자들은 실험이나 현장 관찰법을 고안해 그 개념을 시험하고 그 생각을 이용하려고 노력한다. 그리고 과학의 절차와 규칙에 따라 그 개념은 폐기되거나 일시적으로 유지된다. 이 개념을 포함한 중심 이론은 어떤 식으로든 발전한다. 이 추상적 개념이 계속 유지되면 이론 과학자들은 새로운 지식을 창출하게 되고 이 지식으로부터 마음을 심화 탐구하는 계획을 세울 수 있다. 이론 과학자들은 공상과 어려운 데이터 누적을 번갈아 반복하며, 세계의 작용과 관련해 공통적으로 합의할 수 있는 지식에 도달하면 이것을 자연 법칙의 형태로 기록한다.

한 분야를 정초하는 과학자들은 일단 운이 좋은 사람들이다. 주제 하나를 사실상 무작위로 골랐는데 곧 새로운 발견을 할 수 있기 때문이다. 1962년에 둘 다 30대 초반이었던 로버트 맥아더(Robert H. MacArthur)와 나는 생물 지리학(biogeography)에서 무언가 새로운 시도를 하겠다고 결심했다. 전 세계의 동식물 분포를 연구하는 생물 지리학 분야는 이론 연구의 전형이었다. 생물 지리학은 중요한 학문이었지만, 이 분야에는 체계 없는 정보만 가득했고 연구 인원도 부족했으며 정량적인 모형이 거의 없었다. 우리는 생물 지리학과 생태학, 유전학이 접하는 분야는 연구가 잘 되어 있을 것이라고 생각했지만 그 분야 역시 지도상의 공백과 같았다.

당시 맥아더는 펜실베이니아 대학교 생물학과 부교수였으며, 나는 하버드 대학교 생물학과 부교수였다. 그 후 맥아더는 프린스턴 대학교로 가서 짧은 여생을 보냈다. 그는 키가 크지도 작지도 않았지만 몸은 마른 편이었고, 얼굴은 보기 좋게 각이 졌다. 그는 사람을 만날 때 흔들리지 않는 시선으로 눈을 크게 뜨고 바라보며 알 수 없는 미소를 지었다. 그는 완벽한 문장과 문단을 구사하며 굵지 않은 중간 톤의 목소리로 말하다가 중요한 부분에서는 얼굴을 약간 위로 젖히며 침을 삼켰다. 그는 조용하며 말을 아꼈다. 지식인 사회에서는 이런 태도가 권위를 자제하는 모습으로 보인다. 학자들 중에 무언가를 확신할 만큼 충분한 시간 동안 입을 다물 수 있는 사람은 드물기 때문에, 맥아더는 말을 아끼는 태도를 보임으로써 대화 중에 확고한 권위를 가질 수 있었다. 이것은 맥아더 자신도 의도하지 않았던 장점이 되었다. 사실 그는 원래 수줍음을 많이 타며 과묵했다. 그는 우수한 수학자는 아니었지만(우수한 수학자인 과학자들은 별로 없다. 수학에 출중한 재능을 보이는 과학자들은 순수 수학자뿐이다.), 생물 지리학 분야에 탁월한 재능을 가졌을 뿐만 아니라 특별한 창의력을 보였으며, 상당한 야망도 있었고 자연 세계, 조류, 과학에 관한 애정도 남달랐다.

맥아더는 당대에 가장 중요한 생태학자로 널리 알려졌다. 맥아더가 진화론을 이용해 개체군의 증가와 경쟁을 설명한 것은 매우 독창적이며 생산적이었기 때문에, 현재 생물학자들은 그의 제자들을 생태학의 맥아더 학파라고 약식으로 언급하거나, 더 정확하게 허친슨-맥아더 학파라고 해서 예일 대학교에서 맥아더에게 영향을 준 스승 조지 에벌린 허친슨(George Evelyn Hutchinson, 1903-1991년)의 이름까지 포함해 부른다. 맥아더는 1972년 밤에 잠을 자다 신장암으로 사망했다. 그가 사망하기 몇 시간 전에 케임브리지에 있던 나는 프린스턴에 있던 그에게 전화를 걸어 오랫동안 통화했다. 우리는 10년 전과 다름없이 생태학의 미래, 아직 해결되지 않은 진화론적 문제, 여러 동료들의 장점 등 친숙한 주제에 대해 이야기했다. 맥아더가 100년은 더 살 것처럼 이런 이야기에 쉽게 집중할 수 있었던 것도 그가 얼마나 지적으로 성실한지 보여 주는 또 한 가지 예일 것이다.

1960년에 우리가 처음 만났을 때 나는 10년의 현장 연구를 마쳤기 때문에 동물들의 분포를 꽤 잘 알고 있었다. 나는 태평양 지역 전체를 비롯한 여러 곳에 서식하는 개미 수백 종을 분류하는 연구를 했다. 나는 활기찬 혼돈 속에 어떤 일반적인 질서, 발견되지 않은 강력한 과정이 있다고 생각했지만, 그런 윤곽의 희미한 개념만 파악하고 있었다. 처음 만나 간결하게 토론한 후(맥아더의 영향을 받아 내 문장도 짧아졌다.), 우리는 가치 있는 무언가가 곧 떠오를 것임을 바로 알 수 있었다. 종 평형 이론이 탄생하게 된 상황을 있는 그대로 소개하기 위해, 이 주제에 대해 우리가 나눈 대화와 편지를 그 당시 분위기 거의 그대로 아래에 적는다.

윌슨: 나는 생물 지리학이 과학의 한 분야가 될 수 있다고 생각한다. 아무도 설명하지 않은 놀라운 규칙성들이 있다. 예를 들어 섬이 클수록 섬에 사는 새나 개미의 종이 더 많다. 발리나 롬복(Lombok) 같은 작은 섬에서 보르네오나 수마트라 같은 큰 섬으로 갈 때 무슨 일이 일어나는지 보자. 면적이 열 배 늘어날 때마다 그 섬에서 발견되는 종의 수는 대략 두 배가 된다. 이것은 우리가 충분한 데이터를 확보하고 있는 다른 동식물 종류 대부분에도 적용되는 사실인 듯하다. 여기 퍼즐의 또 다른 조각이 있다. 나는 아시아와 오스트레일리아에서 이 대륙들 사이의 뉴기니와 피지 같은 섬들로 새로운 개미 종이 확산될 때, 이전에 정착했던 다른 종들은 멸종한다는 사실을 발견했다. 이런 사실은 종의 수준에서는 필립 달링턴(Philip Darlington)과 조지 심프슨(George Simpson)의 주장과 상당히 잘 맞는다. 이들은 과거 모든 사슴이나 모든 돼지 등의 주요 포유류들은 남아메리카와 아시아의 다른 주요 포유류들을 대신해 같은 생태적 지위를 채우는 경향이 있었다고 증명했다. 따라서 전 세계에 이런 교체의 물결이 확산되어 종 수준으로 자연의 균형이 잡힌 것 같다.

맥아더: 그래, 종 평형. 마치 각 섬에 그렇게 많은 종이 있어도 한 종이 그 섬에 이주하면 같은 생태적 지위에 있던 그전부터 있던 한 종은 멸종해야 하는 것 같다. 종 평형이 물리적인 과정이라고 가정하고 섬 전체를 생각해 보자. 텅 빈 상태에서 포화 상태까지 생물 종으로 그 섬을 채운다고 생각해 보자. 이것은 은유에 불과하지만, 효과적인 설명

이 될 수 있다. 더 많은 종이 정착할수록 이 종들이 멸종하는 속도는 빨라질 것이다. 다른 식으로 말하면, 더 많은 종이 섬에 올수록 특정 종이 멸종할 확률은 높아진다. 이제 외래종을 보자. 각 종 중에 이 섬으로 이주하는 몇몇 개체는 매년 바람을 타거나 통나무를 타고 흘러 오거나 새처럼 자력으로 날아오기도 한다. 이 섬에 정착한 종이 많아 질수록 매년 새로 정착하는 종은 줄어들 것이다. 그곳에 없는 종이 줄어들기 때문이다. 물리학자나 경제학자라면 상황을 이렇게 설명한다고 생각할 수 있다. 이 섬이 다 차면, 멸종과 이주가 같은 수준에 도달할 때까지 멸종률은 높아지고 이주율은 낮아진다. 따라서 분명히 동적인 평형이 이루어진다. 동물상(특정한 지역이나 수역에 사는 동물의 전체 종류 — 옮긴이)을 이루는 특정한 종이 서서히 변화하고 있다고 해도, 멸종이 이주와 같은 수준일 때 종의 수는 같다.

멸종과 이주 곡선이 오르락내리락하는 작은 섬의 경우를 생각해 보자. 더 작은 섬을 생각해 보면, 개체군이 작아져서 멸종하기 쉽기 때문에 멸종률은 높아진다. 나무 위에 앉아 있는 한 종류의 새가 열 마리 뿐이라면, 100마리가 있는 경우보다 1년 안에 멸종할 확률이 더 높다. 본토에서 상당히 떨어진 섬들은 크기가 제각각이지만, 섬으로 들어오는 생물들이 보는 시야가 크게 다르지 않기 때문에, 새로운 종이 도착하는 비율에 섬의 크기가 그렇게 큰 영향을 끼치지 않을 것이다. 그 결과 작은 섬들은 더 빨리 평형에 도달하고 더 작은 수의 종으로 평형에 도달할 수 있다. 이제 한 요인으로서 거리만을 보자. 최초의 지역에서 섬이 멀어질수록(예를 들어 하와이는 뉴기니보다 태평양에서 멀다는 식), 매년 도착할 새로운 종은 줄어든다. 그러나 식물이나 동물 한 종이 한 섬에 정착할 때 그 섬까지의 거리는 상관이 없기 때문에 멸종률은 같다. 따라서 먼 섬에서 발견된 종의 수가 더 적으리라고 예상할 수 있다. 전부 지리학의 문제일 뿐이다.

몇 주일이 지났다. 우리는 맥아더의 거실에서 난로 옆에 앉아 커피 탁자 위에 기록과 그래프를 펼쳐 두고 있다.

윌슨: 지금까지 생각해 본 결과는 훌륭하다. 섬이 작고 본토에서 멀수록 새와 개미의 종의 수는 줄어든다. 이 두 가지 경향을 '공간 효과'와 '거리 효과'라고 부르기로 하자. 잠깐만 이 두 가지 경향을 생각해 보자. 이 두 가지가 평형 모형을 증명한다는 걸 어떻게 알 수 있을까? 분명히 다른 사람들이 공간 효과와 거리 효과를 설명하는 경쟁 이론을 제안할 것이다. 결과들을 예상한 모형을 그 결과들이 증명한다고 우리가 주장한다면 우리는 논리학자들이 말하는 후건 긍정의 오류(Fallacy of Affirming the Consequent)를 범할 것이다. 우리가 그런 난국을 피하려면, 우리만의 모형이 유일하게 예상하는 결과를 얻는 수밖에 없다.

맥아더: 좋아, 우리는 지금까지 순수한 추상 개념으로만 논리를 이어 왔다. 계속 해 보자. 다음을 시도해 보자. 멸종과 이주 곡선을 그리면 이 곡선들이 교차하고 평형을 이루는 부분이 직선이 되고 대략 같은 각으로 경사를 이룬다. 기본적인 미분 계산을 해 보면, 한 섬이 잠재적으로 수용할 수 있는 생물 개체수의 90퍼센트를 채우는 데에 걸리

는 연수는, 평형 상태의 종의 수를 매년 멸종하는 수로 나눈 값과 거의 같을 것이다.

윌슨: 크라카토아(Krakatoa)의 경우를 살펴보자.

· · ·

크라카토아는 자바와 수마트라 사이 순다 해협에 위치한 작은 섬으로, 1883년 8월 27일 TNT 100메가톤 정도의 힘으로 폭발했다. 파도가 인도양을 건너 몰아쳐 와서(결국 영국 해협에서 선박들을 닻 줄로 예인하게 만들었다.) 뜨거운 부석이 섬의 대부분을 덮었고 마지막 남은 생물들 모두 죽었다. 과학자들은 죽은 섬에 동식물들이 군집을 재형성하는 모습을 목격하는, 100년에 한 번 있을 만한 기회를 얻게 되었다. 1884년과 1936년 사이, 네덜란드 식민지 정부의 후원 아래 수차례 중요한 탐사가 이루어져 크라카토아에 동식물이 회복되는 모습을 보게 되었다. 데이터는 몇 차례 논문과 책으로 발표되었지만 그 후 몇 년 동안 그 데이터 중에 이용된 것은 별로 없었다. 그 중요한 이유는 섬 생물 지리학과 관련한 정량적인 이론이 없었기 때문이다.

네덜란드 정부는 크라카토아에 금방 식물들이 되살아났다고 발표했다. 빗물에 젖어 축축해진 화산재 속에서 1년 만에 첫 번째 식물이 돋아났으며, 1920년에는 울창한 숲이 섬 표면 대부분을 덮었다. 동시에 많은 동물 종이 이 섬으로 이주했다. 이 학술 데이터는 특히 조류에 유효했다. 우리는 크라카토아 지역에 공간과 종의 관계를 나타내는 우리의 곡선을 대입해 보았다. 크라카토아에는 평형 상태일 경우 조류

30종이 있어야 한다. 네덜란드의 조사 결과도 30년 후 종의 수가 30종의 약 90퍼센트에 도달할 것임을 보여 주었다. 기본 평형 등식에 따르면, 1920년대 말 연간 약 한 종씩(30종을 30년으로 나눈 결과)이 멸종해 새로운 외래종 하나로 교체될 것이었다. 우리는 열심히 이 보고서를 분석했다. 네덜란드 과학자들이 멸종을 언급했나? 그렇다. 그들은 놀라울 만큼 높은 조류 종의 이동률에 깊은 인상을 받았다고 했다. 우리는 그들이 5년마다 평균 한 종씩 멸종한다고 볼 것이라고 추정했다. 이 속도는 우리 예상보다 다섯 배나 느리지만 대부분의 자연주의자들이 예상하는 속도보다는 훨씬 빠르다. 조사 연구 기간이 아닌 시간에 보이지 않는 사이에 일어나는 멸종과 이주를 임시로 계산할 수 있어서, 이 이론은 더욱 적합해 보였다.

종의 동적인 평형을 정의하기 위해 수학적으로 간단한 시도를 한 것에 다른 생물학자들도 큰 힘을 얻었다. 그들은 예측 가능한 속도로 종이 오가며 생물 다양성이 어떤 수준까지 오르고 유지된다는 바로 그 생각에 이끌렸다. 이 이론은 바다의 섬에만 적용될 수 있는 것이 아니라 풀이 많은 식림지, 연못, 넓은 땅의 개울 같은 '서식지 섬'에도 적용될 수 있고, 생물들에게 적대적인 환경에 둘러싸인 서식지에도 적용될 수 있다. 이 이론은 수년이나 수세기 동안 생태 공원과 자연 보호 구역의 운명을 예측하는 것에도 이용될 수 있다.

다시 말해 종 평형 이론(species-equilibrium theory)은 다른 연구에 도움이 되었다. 이 이론은 과학에서 높이 평가받는 특징인 심화 연구를 장려

했다. 이 이론은 두세 가지 과거 질문에 답을 제시하며 새로운 질문을 제기하고 그 해법을 찾기 위한 기술을 제시했다. 보다 정교한 새로운 연구가 곧 늘어났다. 학자들은 공원을 계획하는 지침을 제안하면서, 산꼭대기, 호수, 산호초, 물병 등을 연구 서식지 섬 목록에 추가했다. 세계 야생 생물 기금은 마나우스 근처에 열대 우림 보호 구역 프로젝트를 계획하면서 이 모형의 일부를 이용했다. 계획은 모두 아주 흥미로웠지만, 맥아더와 내가 만든 첫 번째 모형들은 너무 투박해서 추가된 사례에는 맞지 않았다. 전혀 새로운 이론 규범이 만들어졌고 적합한 실험이 뒤따랐다. 종 평형 연구는 생태학의 풍부하고 정교한 분과로 성장했다. 20년이 지나자 다른 생물학자들도 우리 논문 이상의 훌륭한 논문을 기고하게 되었다. 그래서 우리의 논문이 더 이상 다른 생물학자들의 논문과 큰 차이가 나지 않았다. 우리의 논문 중에 계속 남은 부분은 주류 이론으로 간주되었고 이 부분은 매년 확장되고 변한다.

 이것이 과학의 방식이다. 과학자는 생각은 시인처럼 하지만 과학자가 상상해서 얻은 결과물은 원래 상태대로 보존되는 경우가 드물다. 어떤 학문 분야의 창시자가 얼마나 빨리 잊히느냐에 따라 그 학문이 성공했는지를 말할 수 있다고들 한다. 더 정확히 말하자면, 학문 분야의 창시자들이 교과서와 편람(便覽, vade mecum)에서 얼마나 빨리 교체되느냐에 따라 학문이 성공했는지를 말할 수 있다고 한다. 맥아더의 어떤 독창적인 작품도 화랑에 걸리지 않는다. 어떤 생물학자들도 《국립 과학원 회보(Proceedings of the National Academy of Science)》에 실린 자신의 논문 원문을 다시 찾아 뉘앙스와 상징을 상세히 조사하지는 않는다. 맥아더는 자기가 원했던 대로 중요한 과학 분과에서 자신이 일으킨 돌이킬 수 없는 변화 속에 계속 살아 있다.

. . .

천성의 정열이 타오르는 순간, 직관과 은유가 매우 중요할 때, 예술가는 과학자와 가장 비슷하다. 그러나 예술가는 큰 그림 안에서 자연법칙과 자체 소멸을 재촉하지 않는다. 예술가의 모든 기술은, 즉각적으로 이미지를 전달하고 다른 사람들의 감정을 조절하는 데에 목표를 둔다. 예술가는 기술적인 이유 때문에 정확한 정의나 주관적인 논리 표시를 조심스럽게 피한다.

1753년 로스 주교(Bishop Lowth)는 「히브리 성시(聖詩)에 관한 학문적 강연」에서 정확한 진단을 했다. 인간은 시상을 떠올리는 마음속에서 평이하고 정확한 설명에 만족하지 않고 감각을 고양하려고 한다. "열정은 원래 확대되는 경향이 있기 때문에, 인간은 이 열정으로 마음에 무엇이 있든 간에 놀랍게 확장하고 과장하며, 활기차고 대담하고 당당한 언어로 표현하려고 애쓴다."

이 필수 불가결한 특징을 더 현대적인 용어로 고쳐 말할 수도 있다. 인간은 광범위한 의사 소통으로 생각을 확장하는 생물학적인 경향이 있다. 리처드 로티(Richard Rorty, 1931-2007년)의 표현을 빌리자면, 인간은 시(詩)적인 종이다. 미술, 음악, 언어의 상징은 외부의 문자 그대로의 의미를 훨씬 능가하는 힘을 갖는다. 따라서 각 상징은 많은 정보를 압축하기도 한다. 수학 방정식이 수많은 지식 전체를 신속하게 움직여 모르는 사람들에게 알릴 수 있듯이, 예술의 상징은 인간의 경험을 모아 새로운 형태로 만들어 다른 사람들에게 좀 더 강렬한 인식을 불러일으킨다. 인간은 상징, 특히 단어에 의지해 산다. 삶이 마음과 같은 것이라면 문자 그대로 단어에 의지해 산다고 할 수 있다. 인간의 뇌는 거의 인간의 어휘로만 정보를 처리하도록 구성되어 있기 때문이다.

나는 탐구와 발견을 위한 도구로서 예술에 대해 말했다. 분명히 권위 있는 예술가들과 비평가들은 다른 기능도 강조한다. 새뮤얼 존슨(Samuel Johnson, 1709-1784년)은 사람들을 즐겁게 해 가르치는 것이 예술이라고 정의했다. 키츠는 함께하는 감정을 정화해 고양하는 것이 예술이라고 정의했다. 다른 의견도 있다. 데이비드 허버트 로런스(David Herbert Lawrence, 1885-1930년)는 예술의 역할이 도덕이라고 말했다. 리처드 에버하트(Richard Eberhart)는 자아를 확립하고 유지하기 위해, 죽음에 대항하는 주문(呪文)이라고 간단히 예술을 정의했다. 좀 더 산문적인 문화 인류학자들은 예술이 무엇보다도 한 사회의 목표를 표현한다고 보았다. 사실 구석기 시대 동굴 벽화가 처음 등장하게 된 원동력은 긍정이었을 것이다. 유럽의 초기 음유 시인들이 분명히 이런 긍정에 이바지했다. 호메로스 시대의 음유 시인들은 축제 때 「일리아드(Iliad)」와 「오디세이(Odyssey)」를 낭송해 고대 그리스의 중요한 신화와 전설을 전달했다. 이런 결합 기능이 실패하고, 전통과 취향이 문화 발전의 일부로 분해될 때, 비평은 필수적이며 존경받는 직업이 된다. 그리고 우리는 혁명적인 예술을 목격하기도 한다. 혁명적인 예술은 혁신을 넘어서 전혀 다른 사회와 문화를 형성하도록 만든다.

　이러한 예술의 모든 기능은 환경에 따라 다양하게 발휘된다. 그럼에도 불구하고 일반적으로 중요하다고 생각되는 예술에는 한 가지 변치 않는 특징이 있는 듯하다. 즉 예술은 인간이 알지 못하는 영역을 탐구한다. 그 출발은 과학에서처럼 계산적이고 시험적이다. 시인은 내적인 추구 자체에 초점을 맞추고 우리를 자신이 에둘러 말하는 구문으로 끌어들인다. 무언가 시야의 가장자리에서 움직이며, 새로운 연결이 희미하게 보이다가 잠시 멈춘다. 단어들이 쏟아져 나와 이미지가 중요한 형태를 이루어 처음에는 익숙해 보이다가 놀랍게 새로워 보인다. 이 훌륭한 예를 토머스 킨셀라(Thomas Kinsella)의 「한여름」에서 보자.

이 긴 한 해는
사슴처럼 숨어 멈추고
놀랍게 변하여
비극의 풀을 뜯고 길들여져
그 완벽한 머리를 들고 와서
우리를 환영했네.

　그러나 이 시인은 우리를 더 이상 이끌기는 거부한다. 그가 우리를 계속 이끈다면, 정확한 이미지는 추상적인 설명으로 변할 것이다. 또

빛과 아름다움은 관용 표현으로 생기를 잃을 것이다. 이런 필수적인 방식 면에서 예술은 과학과 다르다. 예술가가 관심을 두는 세계는 마음이지, 정신 과정에 에너지를 공급하는 물리적인 세계가 아니다. 뉴잉글랜드의 새들이 지저귀는 소리를 듣고 로버트 맥아더는 생태학의 수학적 이론을 연구하게 되었지만, 자연을 예리하게 관찰하던 리처드 에버하트는 같은 소리를 듣고 시상을 떠올렸다. 처음 느낀 심상(imagery), 처음 이끌린 즐거움은 같았지만, 두 사람은 이후 다른 길을 갔다. 시인은 내재적 실체를, 과학자는 외재적 실체를 보게 되었다.

> 아니, 높은 소나무에 앉은 개똥지빠귀는
> 실제 노래 속에 아직 애매하고 알기 어려워
> 결코 보이지 않거나 거의 보이지 않지만, 보인 적 없어도
> 내 절박한 기억 속에 남으리라.

시인은 마법을 걸기 위해 자신과 우리의 길을 막는다. 아메리카 대륙의 열대 우림과 마찬가지로 분명히 마음의 열대 우림에도 정원의 기계 딜레마가 존재한다는 사실을 우리는 또다시 알게 된다. 우리는 본질적인 감정으로 인해 새로운 주거지를 찾고 미답의 영토를 지나지만, 여전히 무한하게 그 위에 뻗어 있는 신비한 세계의 느낌을 갈망한다. 인간의 존재를 무시하고 지도 위의 빈 공간을 지배하며 자유롭게 사는 새들(개똥지빠귀, 나이팅게일, 풍조)은 예술과 과학 모두의 상징이 될 가치가 있다.

나는 시의 광범위한 역할을 강조해, 예술과 과학은 수법이 근본적으로 다르지만 결국 인간의 본성을 드러내는 방향으로 수렴된다고 주장했다. 최근까지 과학은 마음을 최소한으로 고려했다. 정신적 과정의 물질적인 근원을 인정한 사람들도 마음을 덧없는 것, 즉 어떤 다른 일에 적합한 주제, 다른 사고 방식, 분리된 학문, 간단히 말해 인문학으로 분류했다. 이제 이 모든 개념이 바뀌었다. 인지 심리학이 강력한 학문 분야로 부상했다. 신경계와 인공 지능에 관한 병행 연구가 광범위한 통찰에 도움이 되고 있다. 과학자들은 인간의 뇌를 경험적인 연구 분야에서 마지막 남은 영역이라고 생각한다. 많은 과학자들이 유전학, 분자 생물학과 다른 인접 학문 분야에서 이 분야로 몰려들어 자리 잡기에 합류하고 있다.

당면 관심사 중 가장 중요한 주제는 상기 기억이다. 우리는 본질적으로 우리가 기억하거나 앞으로 어느 때인가 기억할 수 있는 존재이다. 사람들은 새로운 영상과 개념을 이전 영상과 개념에 연결해 기억을 구축한다. 마음은 산호초처럼 여러 갈래로 확장된다. 즉 마음은 그 중심체가 자리를 잡고 합체하는 동안, 이미 확립되고 정착된 부분의 가장자리에서 새로운 가지와 가로대가 나와 추가된다. 널리 이용되는 학습 이론에서는, 좀 더 추상적이지만 같은 뜻의 은유인 연결점-연결 고리 모형(node-link model)을 이용한다. 연결점은, '개', '빨간', '짖다', '땅 위의', '뛰는', '이빨' 같은 개념이다. 각 연결점은 일정한 다른 연결점들에 연결되어 한 사람의 기억 속에 한 연결점이 활성화하면 다른 연결점들도 끌어들이게 된다. 개 한 마리의 영상(또는 그냥 '개'라는 단어)은 '빨간', '뛰는', '땅 위의', '털', '이빨'뿐만 아니라 더 많은 내용을 떠올릴 수 있다. 이 영상은 기억의 연관, 시간이 지남에 따라 이리저리 흔들리는 연결점-연결 고리 틀의 구조, 공포와 애정 같은 포괄적인 단어로 이름 붙일 수밖에 없는 감정의 연결점을 떠올릴 수 있다. 일부 심리학자들이 '활성화 확산(spreading activation)'이라고 부른 과정에 따라, 마음은 탐구하며 적응한다. 새로운 영상이 주어지고 환경이 변하면, 마음은 유사성을 찾아 연결점과 연결 고리의 주기를 늘리고 결국 이전에 장기 기억에 저장된 최선의 범주와 유추에 자리 잡기를 완성한다.

처음 보는 동물이 무성한 관목 숲에서 걸어 나와 우리 눈에 띄었다고 생각해 보자. 이 동물은 아마 개나 원숭이나 다른 어떤 동물과 비교될 것이다. 우리는 이 동물의 진기한 모습에 지나치게 이끌려, 조사를 그만두고, 이 동물에 새로운 이름을 지어 주고 평상시보다 더 자세한 설명을 하여 새로운 연결점-연결 고리 클러스터를 이루려고 할 것이다. 이 진한 색 털의 짐승은 개보다도 작다. 이 짐승을 X라고 하기로 하자. X의 귀는 박쥐의 귀처럼 생겼으며, 눈은 둥글고 빛나며, 이빨은 쥐의 이빨처럼 생겼다. X는 가늘고 긴 손가락으로 물건을 집으면서 천천히 기어 다닌다. X는 밤에 나무 꼭대기를 배회해, 숲길에서 횃불을 들고 X를 본 원주민 몇 명은 미신적인 두려움을 느꼈다. (이 동물은 마다가스카르에 사는 마다가스카르손가락원숭이(aye-aye)다.)

따라서 몽상가들이라고 할 수 있는 이론 과학자들과 예술가들이 독창적인 사고의 첫 단계에 무엇을 하는지 이제 우리가 좀 더 명백하게 설명할 수 있다. 이들은 통제된 상태에서 성장하며, 마음을 단련하여 개념과 연결이 아직 미발달되었거나 존재하지 않은 감춰진 구석으로 마음을 확산한다.

천재성은 활기와 대담성과 행운의 날개를 달고 태어난 일종의 전문 지식이다. 1913년 힌두교 성직자 수리니바사 라마누잔(Srinivasa Ramanujan, 1887-1920년)이 영국의 수학자 고드프리 해럴드 하디(Godfrey Harold Hardy, 1877-1947년)에게 보낸 유명한 편지에 이러한 천재성이 보였다. 라마누잔은 25세의 나이에 고등 수학의 아주 어려운 텍스트만 이용해서, 과거 100년 동안 유럽 최고의 수학자들이 풀지 못했던 문제의 일부를 독자적으로 풀었다. 방정식 몇 개는 그전에 이미 해법이 알려졌나. 라마누잔의 급수에서 (1.8)은 야코비(Jacobi)가 가장 먼저 증명한 리플라스(Laplace)의 공식이며, (1.9)는 1907년에 로저스(Rogers)가 이미 발표한 것이다. 방정식 (1.5)와 (1.6)은 어느 정도 익숙해 보이지만 놀라울 만큼 많은 노력을 기울인 끝에 비로소 증명되었다고 하디는 말했다. 그러고 나서 무언가 정말 새로운 것이 나왔다.

(1.10) — (1.13) 공식은 여타 공식들과 다른 단계이며 분명히 어렵고 심오하다. …… (1.10) — (1.12) 때문에 나는 완전히 좌절했다. 이전에 이런 공식과 조금이라도 비교할 만한 공식을 본 적이 없었다. 이 공식들을 한 번 보기만 해도 최고의 수학자가 기록한 것이 틀림없다는 사실을 충분히 알

수 있었다. 누구도 참이 아닌 공식을 만들어 낼 생각을 하지 않았을 것이 기 때문에 이 공식들은 분명히 참이다.

・・・

그것들은 참임에 틀림없다. 문학과 예술이 이룬 걸출한 성취물을 말할 때도 이와 같이 말할 수 있다. 이런 성취물들은 그 의미가 자명해질 때까지 우리를 끌어들인다. 엘리엇은 "특별한 감수성과 특별한 단어 구사력을 결합하는 소수의 사람들이 없다면, 있는 그대로의 감정 외의 모든 것을 표현할 뿐만 아니라 느끼기까지 하는 우리 자신의 능력은 퇴보할 것이다."라고 말했다. 그런 힘의 차이는 종류라기보다는 정도이지만, 임계 속도로 글라이더가 땅에서 올라가 날게 되는 것과 같은 방법으로, 역치를 넘어 질적으로 새로운 결과를 낳는다.

인지 발달 조사 결과, 인지 발달 성장 과정에서 마음이 특정 매개를 다른 매개보다 쉽게 면밀히 조사한다는 사실이 밝혀졌다. 반응 일부는 자동적이고, 대부분 혹은 전혀 모르는 생리학적 변화로 개체를 측정할 수 있다. 예를 들어, 벨기에의 심리학자 게르다 스메트(Gerda Smets)는 그래픽 디자인에 대한 반응 연구에 전뇌도를 이용해, 그림의 중복된 부분이 약 20퍼센트 정도일 때, 최대한의 각성(알파파 차단으로 측정)이 일어난다는 사실을 알아냈다. 이는 두세 바퀴를 도는 나선형이나 비교적 간단한 미로, 삼각형 10개쯤을 가지런히 묶은 모양 정도의 양이다. 그림이 삼각형이나 사각형 하나로 간단하게 이루어지거나, 어려운 미로나 직사각형 20개가 불규칙하게 흩어져 있는 모양 등으로 디자인이 최적 조건보다 복잡할 때 각성이 더 작게 나타난다. 이 데이터는 우연히 발생한 생화학적인 변덕으로 생긴 결과물이 아니다. 사람들은 상징과 추상 예술을 선택할 때 스메트의 실험에서 나타난 복잡성의 수준 정도에 끌린다. 게다가 이런 선호는 어린 시절부터 시작된다. 신생아들은 5각에서 20각까지를 포함하는 시각 디자인을 가장 오래 쳐다본다. 생후 3개월이 되면 신생아의 선호도는 뇌파로 측정한 성인들의 유형으로 변한다. 인간의 심미적인 최적 상태에는 운명으로 정해진 어떤 것도 없고, 그렇다고 해서 사소한 것도 없다. 우리와 다른 눈과 시신경과 뇌가 있어서 뚜렷한 최적 복잡성과 미적인 기준을 가진 어떤 다른 지적인 종이, 다른 시대나 어떤 다른 행성에서 진화한다고 상상하기는 어렵지 않다.

우리는 예술가들의 작품이 정신 발달의 법칙에 달려 있다고 합리적으로 가정해 볼 수 있다. 현재 실험 심리학자들은 예술가들의 작품에 객관적인 관심을 기울이기 시작했다. 우리는 다른 시각에서 과학과 예술을 좀더 분명하게 구분할 수 있다. 과학자들은 마음의 발전 법칙의 추상적인 특성에 주로 관심을 기울인다. 이와는 대조적으로 예술가들은 연결점-연결 고리 구조 자체, 이들 감정의 색깔, 색조, 운율, 개인적인 경험의 사실성, 이 구조가 덧없어 보이는 영상 등에 주로 관심을 기울인다. 과학과 예술, 두 기획에 똑같이 중요한 요소는 강력한 방식으로 정신 구조를 환기하는 상징과 신화이다. 세계의 근원, 대홍수와 부활, 빛과 어두움의 힘 사이의 투쟁, 풍요의 여신 등의 정확하고 중대한 신화들은 신빙성 있게 전 세계 문화에서 되풀이된다. 더 작고 개인적인 신화는 개인의 비극을 나타낸 시와 낭만적인 이야기에 나오며 이런 글들에서 신화는 전설과 역사 속에서 알아볼 수 없을 정도로 혼합된다. 이런 이야기들은 원래 깊은 쾌락을 자극하고 한 사람에서 다른 사람에게 전달되기 쉽기 때문에 발달 중인 정신에 다른 것보다 더 쉽게 침투하고, 하나로 합쳐져서 평범한 인간 본성을 이루는 경향이 있다. 윌리엄 예이츠(William Yeats, 1865-1939년)는 1900년에 메리 셸리(Mary Shelley, 1797-1851년) 평론에서 추상적인 진실을 추구하는 이론가(theoretician)와 세부 사항을 찬양하는 자연주의 시인의 차이를 구별했다. 마음의 세계에서는 어떤 상징도 그 의미 전부를 어떤 세대에 말하지 않는다고 예이츠는 말했다. 예술가는 고대의 상징들을 발견해야만 세대를 초월하여 풍성한 자연을 드러내 왔던 의미를 표현할 수 있다.

시각 예술가들이 우리 자신에게 의미를 전달하는 방식으로 그들 마음의 더 깊은 매개를 보인다면, 우리는 시각 예술가들의 언행이 방종하다고 해서 걱정할 필요가 없다. 인간 각자의 마인드스케이프(mindscape, 정신 또는 두뇌 활동을 형상화한 것 — 옮긴이)는 서로 다르지만 궁극적으로는 자연 법칙을 따른다. 이런 각자의 마인드스케이프에는 어떤 새로 발견된 섬의 숲처럼, 독특한 지형선이 있고 과거에는 설명할 수 없었던 생명 형태들, 자체로 평가되는 보물들이 있지만, 이 생명 형태들을 낳은 유전 과정은 다른 사람들과 같다. 연속성은 이해에 필수적이다. 예술가가 선택한 심상은 공통 경험과 가치를 이야기해야 하지만 에 두르는 표현 방식이어야 한다. 그래서 1919년 미국의 모더니스트 조지프 스텔라(Joseph Stella)는 「내 인생의 나무」라는 작품에서 자신의 넘치는 낙관주의를 마음속에 실재하는 극락으로 해석했다. 빛나는 열대 동식물이 상징으로 작용했다. 스텔라는 이 그림을 그리게 된 자신의 감정을 설명했다.

그리고 4월의 어느 화창한 아침 싱그러운 향기 속에 즐거운 노랫소리가 들려왔다. 지저귀는 새들과 향기로운 꽃들은 내 새 그림의 세례식을 축하할 준비를 다하고 이미 새로 태어난 내 희망의 나무의 연한 잎을 장식하고 있었다.

우리는 완벽한 의미로 볼 때 생물학적인 종이기 때문에 다른 생물들과 다른 궁극적인 의미를 별로 찾지 못할 것이다. 과학이 예술가 마음의 내향적인 여정을 보고 예술과 문화의 연구 대상을 생물학적인 형식으로 만든다면, 그리고 예술가와 비평가가 과학의 방식으로 밝힌 마음과 자연 세계의 작용에 대한 정보를 얻는다면, 서로 다른 학문 분야가 격론하는 주기는 끝날 것이다. 최소한 원칙적으로 인문학에서는 어떤 것도 부정될 수 없으며 과학에서도 마찬가지이다.

뱀

과학과 인문학, 생물학과 문화는 뱀의 관찰을 통해 극적으로 연결된다. 뱀의 영상은 상징으로 꾸며지고 마법의 전조를 지닌 채 꿈이나 몽상에서 의식의 세계로 쉽게 들어온다. 이 영상은 경고 없이 나타났다가 갑자기 사라진다. 우리는 실재하는 뱀을 인식하지 않더라도 강력한 뱀의 존재를 막연히 떠올리며 공포와 경외심을 갖는다.

내가 지금까지 자주 꾼 꿈속에서 이런 뱀의 특징들은 두드러지게 나타난다. 그 이유에 대해서는 나중에 밝히기로 한다. 지금 나는 물이 있는 숲 속의 온통 회색빛으로 그늘진 고요한 장소에 있다. 이 어두침침한 곳으로 걸어가며 나는 이 세상에 혼자인 것 같은 기분에 사로잡힌다.

내 앞에는 고요하면서 동시에 가까이 하기 어려운 미지의 세계의 가장자리가 신비하게 펼쳐져 있다. 나는 그곳에 가야 하지만 꿈속에서 그 이유를 파악할 수는 없다. 갑자기 뱀이 나타난다. 이 뱀은 보통 종류의 뱀, 문자 그대로의 파충류가 아니라 특별한 힘이 있는 위협적인 존재이다. 어느 정도 큰지 불확실하지만 꽤 크다. 이 뱀은 똬리를 튼 상태에서 서서히 물속으로 들어갔다가 거목을 지탱하는 뿌리 아래를 지나 강둑 위로 기어 오른다. 이 뱀은 모양과 크기를 자유자재로 바꾸며 온몸에 갑옷을 둘러 대적할 상대가 없어 보인다. 독이 든 머리는 냉혹한 지성을 나타낸다. 뱀은 아무튼 어두운 곳의 망령이며, 심연으로 가는 길의 수호자다. 내가 뱀을 잡거나 제어하거나 심지어 그냥 피할 수만 있다면 주위가 크게 변할 것 같은 느낌이 든다. 그 변화가 무엇인지 바로 정확히 알 수는 없지만 변화에 대한 기대는 머나먼 옛날 존재했을 것 같은 이름 모를 감정을 흔든다. 칼끝에 겨누어졌을 때나 높은 벼랑에 서 있을 때와 같은 위험도 희미하게 느껴진다. 뱀은 생명을 약속하는 동시에 생명을 위협하므로, 유혹적인 동시에 위험하다. 이제 뱀은 내게 미끄러지며 다가와 끈질기게 모습을 바꾸며 공격할 태세를 갖춘다. 꿈은 뚜렷한 결론도 없이 불안하게 끝이 난다.

현세의 파충류이자 악몽의 영상인 뱀은, 자연과 인간이 맺고 있는 관계의 복잡성과, 모든 동물에게 있는 선천적인 매력과 아름다움을 드러낸다. 아무리 치명적이고 불유쾌한 동물도 인간의 마음에 마법의 재능을 부여한다. 인간은 뱀을 선천적으로 두려워한다. 더 정확히 말하면 인간은 생후 첫 5년 동안 그런 공포를 빠르고 쉽게 학습하는 선천적 성향이 있다. 인간이 이런 특별한 정신적 경향 때문에 떠올리는 영상들은 강렬하면서도 양면적인 것으로서, 공포에 사로잡힌 비행기 여행부터 폭력 경험과 남성 경험에 이르기까지의 광범위한 범위에 걸쳐 있다. 결과적으로 뱀은 전 세계 문화의 중요한 부분이 되었다.

성적인 상징에 대해서는 정신 분석학에서 사용되는 일반적인 추론을 크게 뛰어넘는 매우 복잡한 원리를 고려해야 한다. 어떤 종류의 생물도, 상상할 수 있는 어떤 무생물보다 무한히 더 흥미롭다. 무생물은 살아 있는 조직의 대사 과정에 이용될 수 있느냐에 따라, 다시 말해 생명을 가진 기관에 유용하고 적절하게 쓰일 수 있느냐에 따라 평가받는다. 제정신이라면 그 누구도 낙엽 더미를, 그 잎을 떨어뜨린 나무보다 귀하게 생각하지 않을 것이다.

우리는 무엇 때문에 생명체를 그렇게 가깝게 생각하는 것일까? 생물학자는, 생물은 자기 복제를 통해 작은 화학 단위들을 거대 분자로 결합하고, 복잡한 유기 구조를 조립하고, 많은 분자 정보를 전달하며, 양분을 소화하고, 성장하며, 외부에 대해 목적 지향적인 움직임을 보이고, 자신과 아주 유사한 유기체들을 늘린다고 말할 것이다. 생물학자 마음속의 시인은, 생명이 대단히 별난 상태이고, 준안정성을 띠며, 다른 시스템에 반응하고, 한시적인 존재이지만, 지킬 만한 가치가 있다고 말할 것이다.

어떤 생물들은 정신 발달에 끼치는 특별한 영향 때문에 우리에게 훨씬 더 많은 것을 제공한다. 나는 다른 생물과 친밀하게 지내려는 인간의 욕구가 상당히 선천적이어서 '생명 사랑' 본능이라고 부를 만하다고 주장했다. 기존의 과학적인 의미에서 볼 때 이 주장에는 충분한 증거가 없다. 우리가 주장의 진위를 확실하게 밝힐 수 있을 만큼, 가설, 연역, 실험을 이용하는 과학적 방식으로 이 주제를 충분히 연구하지 않았기 때문이다. 그렇지만 '생명 사랑'의 경향은 일상 생활에서는 아주 뚜렷하게 관찰할 수 있기 때문에 우리가 진지하게 관심을 기울일 만하다. 이 성향은 아동기 초기부터 각 개인에게 지속적으로 나타나는 예측 가능한 환상과 반응에서 드러난다. 또 이런 성향이 거의 모든 사회의 문화에 반복적으로 나타난다고 많은 인류학 논문에서도 언급하고 있다. 이 성향은 우리의 뇌가 짠 프로그램의 일부인 듯하다. 또 우리는 생명 사랑의 성향 덕분에 동식물에 대해 배울 때 더 빠르고 정확하게 학습한다. 이 과정은 그저 백지 상태로 태어난 마음의 서판 위에 자라면서 새겨진 '역사적인 사건'으로만 간주하기에는 지나치게 지속적이다.

'생명 사랑' 경향의 가장 기묘한 특징은 아마 뱀에 대한 경외와 숭배일 것이다. 위압적인 뱀의 이미지가 나오는 꿈은 정신 활동에 대한 체계적인 연구가 진행된 모든 사회에 존재한다고 알려져 있다. 어느 때이건 사람들 중 최소한 5퍼센트는 꿈에 뱀을 본 기억이 있다. 여러 달 동안 꿈에서 깨어날 때의 느낌을 기록한다면 아마 더 많은 사람들이 꿈에 본 뱀을 기억한다는 보고가 나올 것이다. 뉴욕에 사는 도시인들이 설명한 이미지는 오스트레일리아의 원주민과 줄루 족이 설명한 이미지와 마찬가지로 자세하고 감정적이다. 모든 문명에서 뱀은 신비하게 미화되는 경향이 있다. 호피 족은 물뱀 팔루루콘(Palulukon)이 자비심 많으면서도 무서운 신 같은 존재라고 알고 있다. 콰키우틀 족은 인간과 파충류의 얼굴을 동시에 가진 머리 셋 달린 뱀 시시우틀(Sisiutl)을 두려워한다. 이 뱀이 꿈에 나타나면 정신병에 걸리거나 죽을 징조라고 한다. 페루의 샤라나후아 족은, 환각제를 복용하고 뱀의 잘린 혀로 얼굴에 줄을 그어 파충류의 영혼을 부른다. 그렇게 하면 이들은 화려한 색의 보아뱀, 독사, 케이먼과 아나콘다가 우글거리는 호수가 나오는 꿈을 꾼다. 전 세계적으로 동물이 나오는 꿈에 가장 많이 출현하는 동물이 바로 뱀이나 뱀과 유사한 동물이다. 뱀이나 뱀과 비슷한 동물들은 경외의 대상이 되며, 힘과 성(性)의 상징, 토템에 이용되며, 신화의 주인공이 되거나 신(神)으로 추대된다.

이런 문화적인 표현들이 언뜻 보기에는 비논리적이고 신비로워 보일지 몰라도, 뱀의 원형 이면에는 일반인들의 경험 속에 나타나는 단순한 현실이 있다. 인간은 뱀을 보고 예민하게 반응해, 뱀을 두려워할 뿐만 아니라 세부적인 모습에도 자극받고 뱀에 대한 이야기를 만들어 내도록 마음속으로 준비한다. 이 특이한 경향은 내 특별한 경험에서 중요한 역할을 했다. 내가 어렸을 때 잊을 수 없는 거대한 뱀과 실제로 마주쳤던 이야기를 해 보겠다.

...

나는 앨라배마 주에 인접한, 좁고 길게 뻗어 있는 플로리다 북부 지방에서 성장했고, 결국 환경의 영향을 극복하지 못하고 현장 생물학자가 되었다. 숲에서 마음껏 돌아다닐 수 있었던 그 지방의 여느 소년들처럼 나도 사냥과 낚시를 즐겼고 이런 놀이와 일상 생활을 분명하게 구분하지 않았다. 하지만 나는 자연사 자체를 소중히 여겼기 때문에 아주 어릴 때부터 생물학자가 되기로 결심했다. 나는 '진짜 뱀'을 찾으리라는 은밀한 야심을 가지고 있었다. 내가 찾으려던 진짜 뱀은 상상할 수 있는 수준을 넘어 엄청나게 크거나 모양이 색다른 뱀이었다.

몇 가지 특별한 상황들이 내 사춘기의 환상을 조장했다. 우선 에둘러 말하자면, 나는 외아들로 태어나 관대한 부모님의 격려 덕택에 하고 싶은 일에 몰두할 수 있었다. 한마디로 나는 버릇없는 아이였다. 킹 제임스 성경에 관련된 문제를 빼면 이웃들 역시 괴짜인 아이들에게 관대했다. 그들은 그럴 수밖에 없었다. 우리는 공개적으로 말은 안 했지만 집집마다 교화 시설에 보내 마땅한 문제아들을 껴안고 있음을 잘 알고 있었기 때문이다. 당시 남부에서는, 가족에 성실하고 의무를 다하는 태도가 당연시되었고 남의 집안 문제에 대해서라면 대개 완곡하고 의례적인 언급만 하고 넘어갔다. 물론 나의 어린 시절은 그러한 시대가 끝나 가는 참이었다.

내 고향의 물리적 환경 때문에 소년들은 자연을 경외하게 되었다. 이 지역은 네 세대만 거슬러 올라가도 어떤 면에서는 아마존만큼 무서운 야생 지역이었던 곳이 대부분이었다. 아메리카팔메토가 무성한 숲은, 샘물이 합류하는 구불구불한 개울과 편백나무 늪지대로 이어져 내려갔다. 캐롤라이나잉꼬와 상아부리딱따구리가 햇볕 속에서 머리 위로 갑자기 지나갔고, 야생 칠면조와 여행비둘기도 그때까지는 사냥할 수 있었다. 폭우가 내린 상쾌한 봄날 밤에, 스무 종류의 개구리들이 개골개골, 끽끽, 뎅뎅 등 여러 가지 울음소리로 사랑의 노래를 불렀다. 멕시코 만의 동물상 중에 다수의 동물들은 수백만 년 동안 열대 지방에서 북쪽으로 확산된 종으로부터 파생되어 현지의 따뜻한 온대성 환경에 적응했다. 남아메리카의 거대한 약탈자와 아주 많이 닮은 꼬마군대개미들은 눈에 띄지 않게 주로 밤에 숲 바닥에서 작은 대열을 이루어 행진했다. 컵 받침만 한 무당거미속(*Nephila*) 거미들은 삼림 개간지 전역에서 크기가 차고 문의 폭 정도 되는 거미집을 지었다.

물이 고인 웅덩이나 움푹 팬 구덩이에서 모기떼가 날아 올라 초기 이주자들을 괴롭혔다. 이 모기들은 말라리아와 황열병을 옮겼으며, 주기적으로 이런 병들이 유행하여, 해안 저지대의 인구가 줄어들었다. 이렇게 인구가 자연적으로 억제되었기 때문에, 탬파와 펜사콜라 사이의 좁고 긴 땅에는 오랫동안 정착민이 적었으며, 심지어 질병이 퇴치된 현재까지도 이 땅은 비교적 자연 그대로인 '다른 플로리다'로 남아 있다.

뱀들은 많이 있었다. 멕시코 만에는 세계의 다른 어느 곳보다 다양한 종류의 뱀들이 있고 뱀들의 개체군 밀도도 높으며, 뱀들이 자주 눈에 띄기도 한다. 연못과 개울가 나뭇가지 끝에 띠뱀이 고르곤(그리스 신화에 나오는 괴물 세 자매 — 옮긴이)같이 뒤엉켜 매달려 있다. 독이 있는 산호뱀은 잎 부스러기를 헤집는다. 산호뱀의 몸은 빨강, 노랑, 검정의 경고 띠로 장식되어 있다. 산호뱀은 흡사한 주홍왕뱀과 혼동되기 쉽지만, 주홍왕뱀의 줄무늬 순서는 빨강, 검정, 노랑으로 산호뱀의 줄무늬 순서와 다르다. 그래서 나무꾼들은 "빨강 줄 옆에 노랑 줄이 있는 놈은 사람을 죽이지만, 빨강 줄 옆에 검정 줄이 있는 놈은 우리 친구다."를 외운다. 들창코에 몸통이 굵고 동작이 굼뜨며 독성이 없는 돼지코뱀은 맹독성의 아프리카가분살무사와 혼동되기 쉬우며, 두꺼비를 산 채로 삼키는 버릇이 있다. 피그미방울뱀은 길이가 60센티미터 정도인 데 비해 다이아몬드방울뱀은 2미터 이상이다. 파충류학자는 물뱀을 크기, 색깔, 비늘 배열로 구분한다. 물뱀으로는 유혈목이속(*Natrix*), 세미나트릭스속(*Seminatrix*), 악키스트로돈속(*Agkistrodon*), 리오디테스속(*Liodytes*), 파란시아속(*Farancia*)에 속하는 10개 종이 있다.

물론 뱀의 수와 다양성에는 한계가 있다. 뱀은 개구리, 쥐, 물고기 등과 비슷한 크기의 동물들을 먹기 때문에 먹이에 비해 수가 적을 수밖에 없다. 밖에 나가서 한가롭게 거닐다가 뱀 한 마리를 보고 바로 또 한 마리를 볼 수는 없다. 한 시간 동안 열심히 찾아 다녀도 뱀 한 마리도 못 볼 때가 많다. 하지만 내 개인적인 경험으로 볼 때, 아무 날이나 하루 잡아도 브라질이나 뉴기니보다는 플로리다에서 뱀과 마주칠 확률이 열 배는 높다.

이 지역에 뱀의 수가 많은 것에는 그럴 만한 이유가 있다. 멕시코 만의 야생지는 대개 머캐덤 도로나 농지로 바뀌고 그 땅은 텔레비전과 비행기 소음으로 시끄럽지만, 아직 그 지역에는 사람들이 야만과 미지의 대상에 대항해 싸우고 있는 듯한 옛 농촌 문화의 자취가 남아 있다. "숲을 밀어내고 땅을 채워라."라는 명령이 보편적인 정서로 남아 있다. 이는 개척자의 윤리로서, 성경으로부터 얻은 지혜이다(레바논의 삼목 숲을 현재의 사막으로 바꾼 것도 이런 정서 때문이다.). 뱀들이 자주 출현하는 것은 이런 오랜 믿음에 상징적인 근거를 더한다.

150여 년에 걸친 이주 정착 기간 동안 뱀에 대한 사람들의 공통 경험은 뱀에 대한 민간 요법으로 윤색되었다. 우리는 방울뱀이 머리를 잘려도 해가 질 때까지 죽지 않는다는 말을 아직도 듣는다. 뱀에게 물리면, 물린 상처 부위를 칼로 베어 등유로 씻어 독을 중화시켜야 한다(하지만 그렇게 해서 살아남았다고 주장하는 사람은 본 적이 없다.). 진심으로 예수를 믿는다면 아무 두려움 없이 방울뱀과 구리머리살무사를 목에 두를 수 있다. 하지만 그래도 뱀에 물린다면, 신의 계시로 받아들이고 어떤 일이 있든 평화를 구하라. 한편 미끄러지는 듯한 S자 모양의 돼지코뱀은 언제나 죽음의 원인이다. 돼지코뱀에 너무 가까이 간 사람들은 눈에 독이 퍼져 실명할 것이다. 이 뱀의 피부 냄새만 맡아도 죽게 된다. 돼지코뱀은 이런 끔찍한 전설 덕분에 살아남았다. 돼지코뱀이 사람들에게 잡혀 죽었다는 이야기는 들어 보지 못했다.

깊은 숲 속에는 깜짝 놀랄 만한 힘이 있는 동물이 살고 있다(이것이야말로 내가 가장 듣고 싶었던 이야기이다.). 이런 동물 중 하나가 후프뱀이다. 토요일 오전 이 지역 법원 앞 계단에 한 줄로 쭈그리고 앉아 있던 회의론자들은 후프뱀이 신화에 나오는 동물일 뿐이라고 말한다. 아니면 우리에게 친숙한 큰채찍뱀이 특별한 환경에서 사악하게 변한 것일 수도 있다. 그래서 변형된 이 뱀은 꼬리를 입에 물고 엄청난 속도로 언덕을 굴러 내려가서 겁에 질린 동물을 공격한다. 그리고 실제 괴물들에 관한 기록들도 이따금 나왔다. 커다란 뱀이 어떤 습지에 살고 있다고 사람들은 믿었다(최근에 그 뱀을 본 사람이 한 명도 없더라도 아무튼 뱀은 그곳에 있었다.). 길이 3미터 60센티미터인 다이아몬드방울뱀을 몇 년 전에 마을 끝에서 한 농부가 죽였다는 기록도 있다. 최근에는 정체를 알 수 없는 괴물이 강가에 햇볕을 쬐러 나왔다고도 했다.

동물 우화가 반쯤은 진지하게 받아들여져서 소년들의 마음에 미지에 대한 영감을 싹틔우고, 사는 곳에서 하루 만 걸어도 뭔가 특별한 것을 발견할 가능성이 있는 남부 마을에서 성장한다는 것은 굉장한 일이다. 이런 마법 같은 일은 스케넥터디(Schenectady, 미국 뉴욕 주의 도시 — 옮긴이), 리버풀(영국 머지사이드 주의 주도 — 옮긴이), 다름슈타트(Darmstadt, 독일 다름슈타트현의 주도 — 옮긴이) 같은 도시에는 존재하지 않는다. 선택의 여지가 없는 그런 곳에 사는 어린이들을 생각하면 마음이 아프다. 나는 모빌, 펜서콜라, 브루턴을 벗어나 그 주위의 숲과 습지를 울적한 기분으로 답사했다. 나는 자연주의자들이 이전 감정을 되살리기 위해 사용하는 기술인 조용하게 집중하는 방법을 익혔다. 지금도 야외 조사를 나가면 그 방법을 쓰고 있다.

분명 내 친구들도 어느 정도는 나처럼 느꼈을 것이다. 1940년대 중반 미식 축구 춘계 연습이 끝나고 추계 정규 경기가 열리기 전까지의 기간인 더운 여름에, 우리는 고속 도로 청소원들과 어울려 다니며 밖에 나가 이곳저곳에서 빈둥거렸다. 다른 친구들과 조금 차이가 있다면, 나는 열심히 뱀 사냥을 했다. 1944년부터 1945년까지의 브루턴 고등학교 미식 축구 팀 선수들에게는 대부분 별명이 있었다. 이 별명은 유치한 행동이나 남부인들이 좋아하는 이니셜을 딴 것으로, 부바(Bubba, 형제 혹은 가까운 친구 혹은 남부 출신 촌뜨기 — 옮긴이), 조(Joe, '어이'나 '형씨'처럼 이름을 모르는 사람을 부를 때 쓰는 호칭. 평범한 남자를 지칭 — 옮긴이), 플립(Flip, 빠른 패스 또는 약삭빠른 사람을 지칭 — 옮긴이), A. J.(Alexander James 같은 흔한 이름의 이니셜 — 옮긴이), 서니(Sonny, '애'처럼 소년을 부르는 친근한 호칭 — 옮긴이), 슈(Shoe, 구두, 속어로 사복 형사 — 옮긴이), 짐보(Jimbo, Jim을 어리게 부르는 말 — 옮긴이), 주니어(Junior, '자네', '어이, 젊은 친구' 정도의 호칭 — 옮긴이), 스누커(Snooker, '방해하다', '사기치다'의 뜻 — 옮긴이), 스키터(Skeeter, 모기 — 옮긴이) 등이 있었다. 수준 미달의 삼류 레프트 엔드로서, 상대 팀이 역전할 희망 없이 완패할 상황일 때에만 4쿼터에 겨우 기용되던 나의 별명은 스네이크, 즉 뱀이었다. 나는 이렇게 남자답다는 평가를 받는 일에 무척이나 자부심을 느꼈지만, 내 희망과 열정을 다른 곳에 투자했다. 그 지방이 원산지인 멋진 뱀이 40종이나 있었는데, 나는 이 40종 거의 모두를 잡고야 말았다.

특히 잘 도망친다는 이유만으로 특별한 표적이 되었던 것은 나트릭스 리기다(*Natrix rigida*)라는, 광택이 나는 물뱀이었다. 이 물뱀 성체는 물가에서 먼 얕은 연못 바닥에 배를 붙이고 있다가, 조류가 많아 녹색인물 밖으로 머리를 내밀고 숨을 쉬며 물 표면의 모든 방향을 자세히 살폈다. 나는 아주 조심스럽게 이 뱀들을 향해 갔다. 이 뱀들이 가장 경계하는, 옆으로 흔들거리는 움직임이 없도록 특히 조심했다. 뱀을 잡으려면, 90~120센티미터까지 다가가야 했지만, 그 거리를 확보하기 전에 이미 뱀들은 뿌옇고 깊은 물속으로 머리를 감추며 조용히 도망갔다. 나는 결국 마을에서 새총을 가장 잘 쏘는 아이의 도움을 받아 이 문제를 해결했다. 그 아이는 나와 동갑으로, 말이 없고 혼자 놀기를 좋아했으며, 자존심이 강하고 화를 잘 냈다. 더 일찍 태어났더라면 안티텀(Antietam)이나 샤일로(Shiloh)에서(두 곳 모두 남북 전쟁의 주요 전투지 — 옮긴이) 두각을 나타냈을 인물이다. 그 아이가 조약돌로 뱀의 머리를 적중시켜 기절시키면 그동안 나는 물속에 있는 뱀을 잡을 수가 있었다. 정신을 차린 물뱀들은 한동안 포로가 되어 우리 집 뒷마당에 내가 만들어 놓은 우리에 갇혀 지내야 했다. 그 우리 안에서 물뱀들은 물이 든 접시에 놓인, 살아 있는 작은 물고기들을 먹고 잘 자랐다.

한번은 집에서 수킬로미터 떨어진 늪지 한가운데서 거의 길을 잃을 뻔했는데, 그 와중에 밝은 색의 낯선 뱀이 가재가 사는 굴 안으로 사라지는 모습을 보았다. 나는 그쪽으로 달려가 굴에 손을 밀어 넣어 보았지만 무턱대고 더듬거릴 수밖에 없었다. 너무 늦었다. 그 뱀은 꿈틀거리며 더 아래쪽의 방으로 빠져나갔다. 그 순간 뱀을 잡으면 어떻게 될까 하는 생각이 떠올랐다. 만약 그때 뱀을 잡았는데 독사였다면 어떻게 되었을까? 무모한 열정 때문에 한번은 이런 일을 당했다. 피그미방울뱀을 생포하려다 안전 거리를 잘못 계산했다. 놈은 내 생각보다 빨리 덤벼들어 내 왼쪽 검지를 아주 세게 물었다. 그 뱀은 몸집이 작은 파충류였기 때문에 내 팔과 손가락 끝이 일시적으로 붓는 데 그쳤지만 아직도 날씨가 추워지기 시작하면 그 부위의 감각이 조금씩 무뎌진다.

이제 다른 이야기를 하겠다. 나는 조용한 7월 아침, 브루턴의 자분정(自噴井, 지하수가 지표면 또는 그 이상으로 유출하는 우물 — 옮긴이)들로부터 물이 흘러 들어오는 습지에서, '나의 진짜 뱀'을 발견했다. 아주 큰 뱀 한 마리가 갑자기 내 발 밑에서 나와 물속으로 돌진했다. 나는 이날 하루 종일, 진흙 기슭이나 통나무 위에 조용하게 긴장하며 앉아 있는 자그마한 개구리와 거북만 봤기 때문에, 이런 움직임에 다른 때보다 훨씬 놀랐다. 그 뱀은 난폭하고 요란스러웠을 뿐만 아니라 거의 내 키만큼 길어서 나와 대등했다. 그 뱀은 굵은 몸통을 굽이치며 얕은 강바닥으로 속도를 내어 가서 모래땅의 얕은 여울에서 쉬었다. 그 뱀은 내가 상상했던 괴물은 아니었지만, 독성이 있는 살무사아과(亞科)의 일종인 특별한 늪살무사(water moccasin, *Agkistrodon piscivorus*)로, 길이가 1미터 50센티미터가 넘고 굵기는 내 팔 굵기 정도이고 머리는 내 주먹만 했다. 내가 야생에서 본 뱀 중에 가장 컸다. 나중에 추정해 본 결과, 그 뱀은 그 종의 공인된 크기 기록에 조금 못 미쳤다. 뱀은 이제 얕고 맑은 물속에 조용히 누워서 몸 전체를 드러냈다. 물가에 자라는 수초를 따라 몸을 뻗고 뒤쪽 약간 비스듬한 각도로 머리를 돌려 내가 다가오는지 주시했다. 늪살무사는 이런 식이다. 그들은 보통 물뱀들과는 달리 적의 모습이 보이지 않을 때까지 계속 도망가지 않는다. 차갑게 반쯤 웃는 모습과 상대를 노려보는 노란색 고양이 눈에서는 어떤 감정도 읽히지 않지만, 이 뱀들은 마치 인간 같은 꽤 큰 적들이 조심하는 모습을 보며 자신들의 힘을 느끼기라도 하듯이 그 반응과 자세가 거만하다.

나는 보통 땅꾼들이 쓰는 방법대로, 뱀의 뒤통수를 포획용 막대기로 누르고 앞으로 말아서 머리를 단단하게 고정한 후, 부풀어 오른 저작근(턱 관절을 움직여 음식을 씹는 작용을 하는 근육 — 옮긴이) 바로 뒤의 목 부분을 다른 손으로 잡고, 막대기를 떨어뜨린 후 막대기를 누르고 있던 손으로 뱀의 등 중간 부분을 잡아서 뱀 전체를 물 밖으로 들어올렸다. 이 기술은 거의 언제나 효과가 있다. 그러나 늪살무사의 반응에 나는 깜짝 놀랐으며 갑자기 죽을 수도 있다는 위험을 느꼈다. 늪살무사는 큰 몸에 경련을 일으키며 머리와 목을 약간 앞으로 뒤틀어 자신을 움켜쥔 내 손가락을 향해 입을 크게 벌려 2.5센티미터나 되는 엄니와 새하얀 목구멍을 드러내며, 위협적인 늪살무사임을 보란 듯이 과시했다. 늪살무사 항문샘의 고약한 냄새가 공기에 가득했다. 그 순간 아침의 열기가 더 분명하게 느껴졌고, 나의 경솔함이 확연히 드러났다. 그리고 마침내 나는 왜 내가 그곳에 혼자 갔는지 궁금해졌다. 혹시 누가 나를 찾을까? 그 뱀은 위아래 턱을 이용해 내 손을 물 수 있을 만큼 충분히 머리를 빼더니 방향을 돌리기 시작했다. 나는 또래에 비해서도 그렇게 힘이 세지 않았기에 더 이상 뱀을 잡고 있을 수 없었다. 나는 생각할 틈도 없이 이 거대한 뱀을 들어올려 덤불 속으로 내던졌다. 그러자 그 뱀은 미친 듯이 몸을 움직여 도망가서 결국 내 시야에서 사라졌다. 결국 우리는 서로를 물리쳤다.

나는 주저앉았다. 아드레날린 때문에 심장이 격렬하게 뛰었고 손에 경련이 일어났다. 어떻게 그렇게 미련할 수 있었을까? 대체 무엇 때문에 뱀은 그렇게 혐오감을 주면서도 매혹적일까? 되돌아보면 그 답은 믿을 수 없을 만큼 간단하다. 뱀은 숨을 수 있는 능력이 있고, 사지가 없는 구불구불한 몸에 힘이 있으며, 날카롭고 속이 빈 이빨로 피부 밑에 독을 주입해 상대를 공격한다. 뱀에 관심을 두고 그 보편적인 이미지에 감정적으로 반응해 보통 이상으로 뱀을 두려워하고 조심한다면, 일차적으로 생존 가능성이 높아진다. 편견을 학습하는 형태로 뇌에 구축된 규칙에 따라, 우리는 뱀의 형태를 한 물체를 보면 즉각 경계하게 된다. 살고 싶다면 이 특정 반응을 **숙달한 후에도 계속 연습해야** 한다.

다른 영장류들에게도 비슷한 규칙이 발달했다. 아프리카 숲에서 흔히 볼 수 있는 원숭이인 긴꼬리원숭이와 베르베트원숭이는 비단구렁이, 코브라, 퍼프 애더(puff adder)를 보면, 특이한 경계음 신호를 보내어 무리 안의 다른 동물들에게 알린다(수리나 표범을 가리킬 때에는 다른 신호가 쓰인다.). 그러면 몇몇 성체들은 침입한 뱀이 구역을 떠날 때까지 안전한 거리를 두고 따라간다. 즉 이 원숭이들은 위험한 뱀이 나타났다는 경보를 퍼뜨려서 위험에 처한 한 개체만이 아니라 전체 집단을 보호하려고 한다. 가장 주목할 만한 사실은, 원숭이들을 해칠 수 있는 종류의 뱀들이 나타날 때 가장 강력한 경계음을 사용한다는 점이다. 아무튼 본능은 긴꼬리원숭이와 베르베트원숭이를 아주 유능한 파충류학자로 만들어 주었다.

뱀을 혐오하는 현상이 인간의 근연종들이 지닌 선천적인 특징이라는 생각은, 인도와 주변 아시아 국가에 사는 몸집이 큰 갈색 원숭이인 히말라야원숭이에 관한 다른 연구로 뒷받침된다. 다 자란 히말라야원숭이들은 어떤 종류의 뱀이든지 뱀을 보면 특유의 공포 반응을 보인다. 그 반응이란, 우왕좌왕하며 뒤로 물러나고, 뱀을 노려보거나 외면하며, 웅크리고, 얼굴을 가리고, 짖어 대고, 날카로운 소리를 내고, 공포에 질려 입술을 오므리고 이빨을 드러내며 귀는 머리에 납작하게 붙이고 얼굴을 뒤틀어 찡그리는 것 등이다. 이전에 뱀을 만난 경험이 없는, 실험실에서 자란 원숭이들도 좀 약한 형태이기는 하지만 야생에서 자란 원숭이들과 똑같은 반응을 보인다. 이것이 뱀에 대해서만 보이는 특이한 반응인지 알아보기 위해 진행된 대조 실험 중에, 히말라야원숭이는 우리에 놓인 구불구불하지 않은 다른 물체에는 반응하지 않았다. 이 원숭이들이 선천적으로 대응하도록 되어 있는 주요 자극에는 뱀의 형태와 뱀의 독특한 움직임도 포함된다.

일단 인간을 제외한 영장류 중 적어도 일부 종에는 뱀에 대한 혐오감의 유전적인 토대가 있다고 인정하자. 그러면 이 혐오감이 자연 선택으로 진화된 특징이라는 가능성이 즉각 이어진다. 즉 뱀을 보고 반응하는 개체들은 반응하지 않는 개체보다 더 많은 자손을 남기며 그 결과 공포를 익히는 경향은 개체군 내에서 금방 확산된다. 개체군 내에 이미 그런 경향이 존재한다면 높은 수준으로 유지될 것이다.

생물학자들은 행동의 기원에 대한 이러한 명제를 어떻게 실험할 수 있을까? 그들은 자연사를 뒤집어 본다. 생물학자들은 역사적으로 특정한 진화를 촉진하는 것으로 알려진 환경 요인의 영향을 받지 않은 종들을 찾아, 실제로 그 동물들이 그러한 진화의 흔적을 나타내지 않는지를 확인한다. 원숭이의 먼 친척인 여우원숭이가 그런 종의 예가 된다. 여우원숭이는 마다가스카르 토착종이다. 마다가스카르에는 여우원숭이를 위협하는, 몸집이 크거나 독이 있는 뱀이 살지 않는다. 그래서 여우원숭이에게 뱀을 보여 주어도 아프리카와 아시아의 원숭이들이 자동적으로 보이는 공포 반응과 비슷한 어떤 반응도 보이지 않는다. 이것이 자연 선택에 대한 적합한 증거가 될 수 있을까? 과학 학술 논문 수준의 표현을 빌리자면, 우리는 단지 그 증거가 "주장에 부합한다."라고 말할 수 있을 뿐이다. 이 가설이나 이 가설에 필적하는 어떤 가설도 한 가지 사례만으로는 결정될 수 없다. 사례가 더 있어야만 단호한 회의론자들의 수준 이상으로 신뢰도를 높일 수 있다.

침팬지 연구에서 또 다른 증거를 찾을 수 있다. 침팬지는 500만 년 전의 원시 인류와 공통 조상을 두었다고 생각되는 종이다. 실험실에서 사육된 침팬지는 과거에 뱀을 본 경험이 없더라도 뱀을 보면 두려워한다. 침팬지는 안전한 거리로 물러나 침입자에게 시선을 고정한 채 동료들에게 와! 하는 경계 신호를 보낸다. 이런 반응이 성장기에 점점 더 뚜렷해진다는 사실이 더 중요하다.

인간도 거의 같은 발달 과정을 거치기 때문에 이 반응은 특히 중요하다. 5세 이하의 어린이들은 뱀에 대해 특별한 불안감을 드러내지 않지만 나중에는 점점 더 경계하게 된다. 풀밭에서 누룩뱀이 꿈틀꿈틀 기어가는 모습을 보았거나, 함께 놀던 친구가 고무 모형 뱀을 던졌거나, 상담 교사로부터 야외 캠프 모닥불 앞에서 무서운 이야기를 들었다거나 하는 등 한두 가지만 조금 불쾌한 경험을 해도 어린이들은 계속 뱀을 두려워하게 될 것이다. 이러한 인간 행동의 발생 유형은 분명 보기 드문 것이다. 어둠, 낯선 사람, 시끄러운 소리 같은 두드러진 여타의 공포는 일곱 살 이후에는 일반적으로 약해지기 시작한다. 반대로 뱀을 피하는 경향은 나이가 들면서 더 강해진다. 이런 마음을 반대 방향으로 바꾸어 걱정하지 않고 뱀을 다루거나 나처럼 어떤 특별한 방식으로 뱀을 좋아하는 법을 익힐 수도 있다. 다만 이런 적응에는 특별한 노력이 필요하며 보통 어느 정도 참을성과 자의식도 있어야 한다. 특별히 민감한 반응은, 본격적인 뱀 공포증으로 발전되기 쉽다. 뱀 공포증은, 뱀의 외양을 보기만 하면 공포감과 오한과 메스꺼움을 불러일으킬 만큼 극단적으로 병적인 상태이다. 나는 다음과 같은 사건을 목격한 적이 있다.

어느 일요일 오후, 앨라배마의 한 야영장에서 길이 1미터 20센티미터의 검은채찍뱀이 숲에서 미끄러져 나와 개간지를 가로질러 시냇가의 긴 풀이 자라는 풀밭으로 향했다. 아이들은 소리를 지르며 그 검은채찍뱀을 가리켰다. 한 중년 여자가 비명을 지르며 울면서 쓰러졌다. 여자의 남편은 픽업트럭에 달려가 엽총을 가져왔다. 그러나 검은채찍뱀은 세계에서 가장 **빠른** 뱀 종류이다. 이 뱀은 안전하게 몸을 숨겼다. 구경꾼들은 아마 이 종이 독성이 전혀 없으며 목화쥐보다 큰 동물은 공격하지 않는다는 사실을 몰랐을 것이다.

한번은 지구 저 반대편 뉴기니의 에바방 마을에서 사람들이 비명을 지르며 오솔길을 달려가는 모습을 보았다. 사람들을 따라갔더니 그들은 한 집의 앞마당에서 한가로이 S자를 그리며 다니는 작은 갈색 뱀 주위를 둥그렇게 둘러싸고 있었다. 나는 표본으로 만들어 하버드 대학교의 박물관에 두려고 그 뱀을 잡아 알코올 속에 보존했다. 이 그럴듯한 대담한 행동에 마을 사람들은 감탄하거나 의혹을 보였다. 둘 중 어느 쪽인지는 모르겠다. 다음 날 내가 근처 숲에서 곤충 채집을 할 때 아이들이 나를 따라 다녔다. 한 아이가 내게 둥근 거미집을 짓는 커다란 거미를 손가락으로 집어 가져왔다. 털이 난 거미의 다리는 흔들렸고 악마 같은 검은 이빨은 위아래로 실룩거렸다. 나는 어쩔 줄 몰랐으며, 속이 메스꺼워졌다. 이 일을 겪은 후에, 나는 경미한 '거미 공포증'을 느끼게 되었다. 모두에게는 각자의 공포증이 있다.

정신 발달 과정에 왜 뱀이 그런 강력한 영향을 미치는 것일까? 여기에 직접적이고 간단하게 답하자면, 인류 역사를 통틀어 몇몇 뱀이 병과 죽음을 초래하는 주요한 원인이었기 때문이다. 남극 대륙을 제외한 모든 대륙에는 독사가 있다. 아시아와 아프리카의 광범위한 지역에서 뱀에 물려 사망한 인구는 연간 10만 명당 5명 이상이라고 알려져 있다. 버마(미얀마의 이전 국명 — 옮긴이)의 한 지방에서는 연간 10만 명당 36.8명이 뱀에 물려 죽어, 세계 최고를 기록했다. 오스트레일리아에는 치명적인 뱀이 특히 많으며, 그 뱀들 대다수는 코브라의 근연종들이다. 그중에서도 호랑뱀은 경고 없이 공격하는 경향과 큰 몸집 때문에 특히 공포의 대상이다. 남아메리카와 중앙아메리카에는 살무사아과 중에 가장 크고 공격적인 부타독사, 풀살무사, 자라카라(jaracara) 등이 서식한다. 뱀의 등 색깔은 썩은 잎의 색과 같고 송곳니는 사람 손을 관통할 만큼 길다. 이 뱀들은 열대 숲의 바닥에 잠복하여 주된 먹이인 작은 온혈 동물을 기다린다. 유럽 전역에 진짜 '독사'들이 아직도 비교적 많다는 사실을 아는 사람들은 별로 없다. 유럽다비드(*Viperus berus*)는 북극권에까지 서식한다. 스위스와 핀란드처럼 뱀에 물리는 사람들이 없을 법한 곳에서 뱀에 물린 사람들의 수가 매년 수백 명에 달한다는 사실은 야외 활동가들에게 황색 주의보를 보낼 만하다. 전 세계에 몇 안 되는, 뱀이 거의 없는 나라인 아일랜드에서조차 사람들은 주요 뱀 문양과 전통을 다른 유럽 문화로부터 도입해 예술과 문학 속에 뱀에 대한 공포를 녹여 냈다.

...

자연물이 문화의 상징물로 해석된 과정은 다음과 같다. 뇌에서 고유한 유전적 변화가 일어나기에 충분한 시간인 수십만 년 동안 독성이 있는 뱀들은 인간이 죽고 다치는 데에 중요한 원인이 되었다. 두려움에 대한 반응은, 시행착오의 과정을 거쳐 어떤 열매에 독이 있는지 알게 되고 그 열매를 피하게 되는 평범한 기피 현상과 같지 않다. 사람도 사람 외의 영장류에게 특징적으로 나타나는 병적인 매혹과 불안이 합쳐진 모습을 보인다. 사람들은 계통 발생적으로 가장 가까운 근연종인 침팬지처럼 아주 어린 시절에 혐오감을 느끼고 이것을 점진적으로 발달시켜 나가는 강한 성향을 자손에게 물려준다. 그리고 인간의 정신은 분명히 인간만의 특징을 추가한다. 인간의 정신은 문화를 풍부하게 하는 정서에 의지한다. 꿈에 갑자기 나타나는 뱀의 특징과 구불구불한 모양, 뱀의 힘과 신비는 신화와 종교를 구성하는 자연 발생적인 요소이다.

꿈을 꾸는 동안의 감각과 감정 상태가 어떻게 이야기를 구성하게 되는지 생각해 보자. 꿈을 꾸는 사람이 들은 멀리서 천둥 치는 소리는 꿈에서 문이 세게 닫히는 소리로 전환한다. 그는 막연한 불안감을 느끼며 학교 복도로 이동해, 아직 준비하지 못한 시험을 치르기 위해 어딘지 모르는 교실을 이리저리 찾아다닌다. 수면 중인 뇌가 일정한 간격으로 꿈을 꾸는 시간이 될 때, 뇌간의 신경 세포가 피질을 자극하면 감겨 있는 눈꺼풀 밑으로 안구가 빠르게 움직이는 상태가 된다. 꿈에서 깨어나면 마음은 기억을 되살리고 육체적, 정서적 불편을 유발하는 요소들을 중심으로 이야기를 꾸며내어 반응한다. 이 마음은 과거에 실제로 경험한 요소들을 재현하도록 재촉하는데, 이 재현은 뒤죽박죽이고 괴상한 경우가 많다. 또 때때로 한 가지 이상의 이런 감정이 구체화되어 뱀이 등장하기도 한다. 이런 감정 중에 뱀에 대한 직접적인 문자 그대로의 공포가 맨 먼저 구체화되지만, 꿈의 이미지는 성적인 욕망, 지배와 권력을 향한 열망, 갑작스러운 죽음에 대한 불안으로 나타날 수도 있다.

　우리와 뱀의 특별한 관계를 설명하기 위해 프로이트 이론을 이용할 필요는 없다. 뱀이 처음부터 꿈과 상징의 매개체인 것은 아니었다. 그 관계는 엄밀히 볼 때 프로이트의 해석과는 다른 방향이기 때문에 연구하고 이해하기가 더 쉬울 것 같다. 독사와 관련해 인간이 구체적으로 겪은 경험은 유전적 진화를 거쳐 뇌의 구조에 흡수되어 프로이트적인 정신 현상을 일으킨다. 마음은 무엇인가로부터 상징과 환상을 만들어야 한다. 마음은 이전에 존재한 가장 강력한 영상에 마음이 쏠리거나 최소한 그 영상을 만든 학습 규칙을 따른다. 뱀도 그런 예이다. 우리는 20세기 대부분의 시간 동안, 정신 분석학에 지나치게 매료되어 꿈과 현실을 혼동하고, 심리적 결과와 자연에 뿌리를 둔 근본적인 원인을 혼동했다.

　꿈이 정신 세계와 연결된 통로이며 뱀은 일상적인 경험의 일부였던, 근대 과학 발달 이전의 사람들에게 뱀은 문화를 구성하는 중심 역할을 했다. 고대 인도 힌두교 경전 「아타르바 베다(Atharva Veda)」 성가의 주문에 나타나 있는 것처럼 근대 과학 발달 이전의 사람들은 마법의 도움을 받아 뱀에 대한 공포를 극복하려 했다.

　나의 눈으로 너의 눈을 멀게 하리라. 나의 독으로 너의 독을 없애리라.

오, 뱀아, 더 이상 살지 말고 죽어라. 너의 독은 네게로 돌아갈지어다.

성가는 계속 이어진다. "오, 뱀아! 인드라(Indra, 고대 인도의 비와 천둥의 신 — 옮긴이)가 네 선조들을 죽였노라. 그들이 짓밟혔으니, 그들에게 과연 무슨 힘이 있으랴." 이렇게 심령 치료를 하거나 마법 주문을 외우면 뱀의 능력이 제압될 뿐만 아니라, 인간이 쓸 수 있게 그 능력이 전환된다고 믿었다. 서양 문화에는 뱀 두 마리가 휘감고 있는 카두케우스가 있다. 카두케우스는 원래 신들의 사자 메르쿠리우스(Mercurius)가 사용하던 날개 달린 지팡이였다가 외교관들과 사신들의 안전 통행증이었다가, 결국 의료직의 보편적인 상징이 되었다.

발라지 문드쿠르(Balaji Mundkur)는 뱀에 대한 선천적인 두려움이 어떻게 전 세계의 예술과 종교의 여러 작품으로 발전했는지 보였다. 구석기 유럽의 돌 조각에 뱀의 형태가 휘감겨 있으며 시베리아에서 발견된 매머드 이빨에도 뱀의 형태로 긁힌 모양이 남아 있다. 뱀은 콰키우틀 족, 야쿠트(Yakut) 족과 예니세이오스탸크(Yenisei Ostyak) 족, 오스트레일리아 원주민 부족 다수의 무당들에게 권력과 의식을 상징하는 문장(紋章)이 되었다. 단순화된 뱀 문양들이 다산을 부여하는 신과 영혼의 부적으로 종종 사용되었다. 이러한 예를 가나안의 아스다롯(Ashtoreth), 중국 한족(漢族)의 수호신 복희(伏羲)와 여와(女媧), 인도 힌두교의 강력한 여신 문다마(Mudammā)와 마나사(Manasā) 등에서도 찾아 볼 수 있다. 고대 이집트 인들은 건강, 다산, 풍작 등을 관장하는 최소한 열세 가지 뱀 신들을 받들어 모셨다. 이중에서 가장 두드러진 신은 머리가 3개인 거대한 네헵카우(Nehebkau)로, 네헵카우는 강을 따라 왕국 곳곳을 탐사하러 돌아다녔다. 투탕카멘의 미라를 겹겹이 싼 아마포 위에는 황금으로 코브라 신의 문양을 새긴 부적이 놓아두었다. 전갈 여신 셀케트(Selket)는 '뱀의 어머니'라는 호칭으로 불렸다. 셀케트는 자손들처럼 악과 힘과 선의 원천으로서 큰 영향을 끼쳤다.

아스텍의 만신전에는 꿈에서 본 듯한 괴물들이 꿈틀거리고 있었으며, 그중에서도 뱀들이 가장 중요한 위치를 차지했다. 절기를 상징하는 신들 중에는 뱀 신 올린 나휘(Olin Nahui)와, 혀가 갈라지고 꼬리는 방울뱀 꼬리처럼 생긴 악어 신 키팍틀리(Cipactli) 등이 있었다. 비의 신 틀라록(Tlaloc)의 윗입술은 똬리를 틀고 있는 방울뱀 두 마리가 머리를 맞대고 있는 모습이었다. 뱀을 의미하는 단어인 '코아틀(Coatl)'은 아스텍 신들의 이름에 압도적으로 많이 사용되었다. 코아틀리쿠에(Coatlicue)는 뱀과 사람 몸 일부로 이루어진 위협적인 키메라였고, 키후아코아틀(Cihuacoatl)은 출산의 여신이자 인류의 어머니였고, 시우코아틀(Xiuhcoatl)은 52년마다 몸에 불이 일어나는 불뱀으로서, 종교 달력에서 중요한 분기점들을 표시했다. 머리는 인간과 같고, 몸에 깃털이 나 있는 뱀 케찰코아틀(Quetzalcoatl)은 아침 별과 저녁 별의 신, 따라서 죽음과 소생의 신으로서 군림했다. 달력 발명가, 책과 학문의 신, 성직자의 후원자인 케찰코아틀은 귀족과 성직자 들의 학교에서 추앙을 받았다. 케찰코아틀이 수많은 뱀을 타고 동쪽 수평선 너머로 떠나갔다는 전설은 틀림없이 당시 지성인들에게 충격적인 사건이었을 것이다. 마치 오늘날 구겐하임 재단이 지원을 중단한다는 소식을 듣는 것과 같은 일이었을 것이다.

이렇게 모순적인 뱀의 이미지는 고대 그리스 종교에도 등장한다. 제우스의 초기 형태이며 뱀의 형상을 한 메일리키오스(Meilikhios)는 사랑의 신으로서 간청하는 기도를 들어주는 너그러운 신이면서, 동시에 복수의 신으로서 밤에 대학살을 일으키는 신이었다. 또 다른 고귀한 뱀신은 아레스(Ares, 그리스 신화 중의 군신(軍神). 로마 신화의 마르스(Mars)에 해당함. — 옮긴이)의 샘에서 정안수를 보호했다. 그는 지하 세계의 악마 에리니에스(Erinyes)와 함께 다녔는데, 에리니에스는 생김새가 너무 끔찍해서 초기 신화의 그림에는 등장하지도 않았다. 고대 그리스의 3대 비극 시인의 한 사람인 에우리피데스(Euripides)는 희곡 「타우리스의 이피게네이아(Iphigeneia in Tauris)」에서 이 뱀신과 에리니에스를 뱀으로 묘사했다. "자네에게는 입을 벌린 저 하데스 뱀이 안 보이나? / 나를 죽이려고 무시무시한 독사떼를 몰고 있구나."

교활, 사기, 악의, 배신, 가면 같은 머리에서 날름거리는 갈라진 혀의 암시적인 위협 등의 특징에 치유하고 안내하며 예언하고 권한을 주는 기적적인 힘이 조금 가미되었고, 이런 특징들은 서양 문화에서 뱀의 지배적인 이미지가 되었다. 에덴 동산의 뱀은 꿈속에서처럼 나타나 유대교의 악의 프로메테우스 역할을 하며, 인간에게 선악을 구분하는 지식을 알려 주었고 이에 따라 신이 인간에게 원죄의 짐을 부과했다.

내가 너로 여자와 원수가 되게 하고

너의 후손도 여자의 후손과 원수가 되게 하리니

여자의 후손은 네 머리를 상하게 할 것이요

너는 그의 발꿈치를 상하게 할 것이니라.(「창세기」 3장 15절 ― 옮긴이)

사람과 뱀 사이의 관계를 요약하면, 뱀이라는 생명체는 인간의 뜻을 모아 우리 인간의 일부가 되었다. 문화는 뱀을 문자 그대로의 파충류보다 훨씬 더 잠재력이 큰 피조물로 바꾼다. 마음의 산물인 문화는, 지도와 이야기 사이에 가지런히 정돈된 상징들을 이용해 외부 세계를 재현하는 이미지 창조 기계로 해석될 수 있다. 그러나 마음은 현실 세계의 혼란을 즉각적으로 모두 파악할 만한 능력을 지니고 있지는 않다. 또 우리의 몸은, 뇌가 다목적 컴퓨터처럼 정보를 하나하나 처리하는 충분한 시간 동안 버틸 수도 없다. 오히려 의식이 특정 종류의 정보를 신속하게 제어함으로써 우리는 효과적으로 살아남았다. 의식은 어떤 성향들을 쉽게 받아들이는 반면 어떤 성향들을 자동적으로 피한다. 우리는 유전학과 생리학 분야에 축적된 많은 증거들을 통해, 이 제어 기구가 생물학적이며 세포 구조의 특이성에 따라 감각 기관과 뇌에 구축되었다는 사실을 밝혔다.

이렇게 복합적인 성향을 우리는 '인간 본성'이라고 부른다. 뱀에 대한 공포와 경외의 관점에서 이토록 놀라운 증거를 보인 이런 경향이 바로 문화의 원천이다. 따라서 우리가 단순하게 인식한 결과, 단순한 지각들은 특별한 의미를 갖는 풍부한 이미지를 끊임없이 만들어 내는 한편, 그것들을 만들어 낸 자연 선택의 효력을 지속적으로 유효하게 한다.

어찌 아닐 수 있겠는가? 인간의 뇌는 약 200만 년 동안 현재 형태로 진화했다. 호모 하빌리스부터 구석기 시대 현생 인류까지 사람들은 자연 환경과 밀접한 관계를 맺으며 무리지어 사냥하고 채집해 먹고살았다. 뱀은 중요했다. 물에서 나는 냄새, 벌이 윙윙거리는 소리, 식물 줄기가 구부러지는 방향도 중요했다. 자연주의자가 그렇게 몰입하는 것은 적응하기 위해서였다. 풀 속에 숨어 있는 작은 동물 한 마리를 발견하는 일이 저녁에 먹을 수 있느냐, 굶느냐의 차이를 만들 수 있었다. 심지어 현대 도시의 메마른 심장부에서조차 우리를 전율하게 하는 달콤한 공포감, 괴물들이나 기어 다니는 형체가 일으키는 소름 끼치는 매혹 덕분에 우리는 무사히 살아남아 다음 날 아침을 맞을 수 있다. 생물은 은유와 의식의 자연 재료이다. 증거가 완벽하지는 않을지 몰라도 우리의 뇌는 예전의 민첩한 재능을 여전히 간직하고 있는 듯하다. 숲은 이미 사라졌지만 우리는 여전히 경계 태세를 풀지 않고 살아가고 있다.

우리 마음속의 거주지

자연주의자는 문명화된 사냥꾼이다. 자연주의자는 들판이나 숲에 혼자 가면 그 시간과 장소 외의 모든 것은 잊어버린다. 그는 어떤 상식보다 세부 사항을 중요하게 여긴다. 그는 세부 사항에 대해 인식한 후 자세한 조사를 시작한다. 그는 마음속의 특정 대상에 초점을 맞추지 않고 모든 대상에 초점을 맞추며, 더 이상 어떤 평범한 업무나 사교적인 농담에 주의를 기울이지 않는다. 자연주의자는 원뿔 모양으로 짝짓기 무리를 이룬 작은 곤충의 기묘한 움직임, 이 곤충들이 가장 잘 보이는 햇빛의 각도, 이 곤충들이 앉아서 경련을 일으키며 빛을 내고 있는 나무줄기에 낀 이끼의 정확한 모양을 관찰한다. 자연주의자는 그 나무줄기를 올려다보며 첫 번째 가지를 보고 잔가지와 나뭇잎까지 보고 나서, 숨어 있는 동물 한 마리를 찾게 해 줄지도 모르는 몇 밀리미터의 움직임이나 어떤 불규칙한 형태를 찾는다. 그는 오랫동안 계속된 정적을 깨는 어떤 소리를 듣는다. 그는 이따금 흙냄새와 식물 냄새가 나는 현재의 인상을 이성적 사고로 해석한다. 즉 고대의 후각뇌가 현대의 대뇌 피질에게 말한다. 사냥꾼의 기질이 있는 자연주의자는 앞으로 어떻게 될지 모른다는 사실을 알고 있다. 스페인의 철학자 오르테가 이 가세트(Ortega y Gasset, 1883-1955년 ― 옮긴이)가 말했듯이, 자연주의자에게는 남다른 주의력이 필요하다. 즉 그에게는 가정된 사항에 집중하는 대신 어떤 것도 가정하지 않고 등한시하지 않는 주의력이 필요하다.

현재 활동 중인 자연주의자 모두가 좋아하는 이야기는, 현장에서 보물을 발견하는 행운에 관한 것이다. 동물 채집 전문가인 제시 니콜스(Jesse Nichols)와 함께 앨라배마 중앙의 식림지에 어느 날 밤늦게 차가운 비를 맞으며 개구리와 도롱뇽을 찾으러 나간 적이 있었다. 나는 전에 맑은 날 여러 번 그곳에 갔지만 아무것도 보지 못했다. 그날 밤 우리는 숲에 들어가자마자 떼 지어 있는 피그미도롱뇽 개체군을 발견했다. 피그미도롱뇽은 최근 동물학자들이 새로운 종으로 분류한, 연검은 도롱뇽속(*Desmognathus*)의 한 종이다. 도마뱀을 닮아 눈이 튀어나오고 몸이 반짝반짝하며 정교하게 생긴 이 양서류는 풀과 낮은 덤불 위로 기어 오르고 있었다. 피그미도롱뇽은 사냥감을 찾아 한 나뭇가지에서 다른 나뭇가지로 날쌔게 옮겨 다녔다. 이 동물들이 가장 좋아하는 환경에서 활동이 최고조에 달했을 때, 우리는 운 좋게도 이 동물들을 만났다. 이것은 중요한 발견이었다. 보통 이 도롱뇽 종류는 보통 물가에 살거나 두엄과 흙에 숨어 산다. 그러나 우리의 발견으로 그중 한 종은 가끔씩 나무 위에서 살며 조금은 청개구리처럼 행동한다는 사실을 알게 되었다. 따라서 연검은도롱뇽 전체는 우리 생각보다 생태학적으로 더 다양하다고 할 수 있다. 이 도롱뇽들은 앨라배마를 포함한 미국 남동부의 넓은 지역에서 서식한다. 우리의 발견으로 이들의 서식 구역은 점진적으로 늘어났다. 우리는 비를 맞으며 와들와들 떨면서, 전국의 박물관에 보낼 만큼 많은 피그미도롱뇽을 덤불 속에서 붙잡고 이 중요한 문제에 대해 토론했다. 현장 조사에는 고된 육체 노동이 따르지만 뜻밖의 행운을 얻는 순간들이 있다. 1958년까지 워싱턴 국립 동물원 원장이었던 곤충학자 윌리엄 만(William Mann)은 자서전에서 젊은 시절에 쿠바 중부의 시에라 데 트리니다드(Sierra de Trinidad)에 간 이야기를 했다. 그가 바위 밑에 숨은 동물을 보려고 바위를 들자(모든 바위 밑에는 보통 몸집이 아주 작은 종류의 동물들이 있게 마련이다.) 바위 가운데까지 쪼개지면서 그 안쪽 깊은 곳의 작은 구멍에 살고 있는, 티스푼 반 정도의 번쩍이는 녹색 개미들이 드러났다. 만은 이 놀라운 동물에 하버드 대학교에서 자신을 가르쳤던 교수이자 개미에 관한 세계적인 권위자인 윌리엄 모턴 휠러(William Morton Wheeler)를 존경하는 마음을 담아, 마크로미스카 휠레리(*Macromischa wheeleri*)라는 이름을 붙였다. 그로부터 36년 후 나는 머릿속에 그런 발견에 대한 낭만적인 이미지를 떠올리며 출발하는 또 한 명의 젊은 곤충학자로서 같은 산의 가파른 비탈길을 오르고 있었다. 나는 윌리엄 만과 아주 비슷한 여정으로 개미집을 찾아갔다. 내가 몸을 지탱하려고 잡은 바위가 쪼개지면서 똑같이 번쩍이는 녹색 종이 드러났다. 나는 이 사건을 통과 의례라고 받아들였다.

몇 시간 후 같은 언덕의 중턱에서 나는 또 하나의 행운을 잡았다. 쿠바에서만 발견되며 과거 생물학자들이 신비하다고 생각하던 귀한 아놀리스도마뱀(*Chamaeleolis chamaeleontides*)의 살아 있는 성체를 손에 넣은 것이다. 이 종은 아프리카의 진짜 카멜레온처럼 배경과 분위기에 따라 피부색을 바꿨기 때문에 '가짜 카멜레온'이라고 불리는 무리에 속한다. 30센티미터 길이의 이 도롱뇽은 원래 피부에 주름이 있고 피곤해 보이는 표정을 짓기도 해서, 나는 내가 잡은 표본에 므두셀라(Methuselah, 성경에서 노아의 홍수 이전의 족장으로서 969세까지 산 장수자 — 옮긴이)라는 이름을 붙였다. 1953년 여름 쿠바와 멕시코에서 남은 여정을 보내고 가을에 케임브리지로 돌아온 후에도 한참 동안 내 어깨 위에 므두셀라를 태우고 지냈다. 므두셀라에게 거저리 애벌레와 다른 곤충들을 산 채로 먹이며 6개월간 거의 매일 관찰한 결과, 아놀리스도마뱀은 외양뿐만 아니라 행동도 아프리카카멜레온과 매우 비슷하다는 사실을 알게 되었다. 두 종류 모두 보통 도마뱀과는 달리 천천히 신중하게 사냥하며, 위아래가 일부 붙은 눈꺼풀을 돌려 시야를 바꾸며, 길고 끈끈한 혀를 거의 눈에 보이지 않을 정도로 빠르게 내밀어 먹이를 잡는다. 이렇게 구세계인 아프리카와 신세계인 쿠바에서 기원한 각각 다른 동물들이 보인 유사성은, 수렴 진화의 교과서적인 사례에 추가되었다. 내가 짧은 논문을 통해 발표한 이 사실들은 전 세계에 알려질 정도는 아니었지만 실속 있는 것이어서 나 스스로는 만족스러웠다. 최소한 이 사실들은 므두셀라와 나보다는 오래 남을 것이다.

...

자연주의자는 생물을 면밀히 조사하고 나면, 그 생물의 생태계 연관성, 생활사, 행동, 유전, 진화사, 생리에 대해 알아낼 수 있다. 또 그는 평생 연구를 시작한 계기가 된 철학을 바탕으로, 이렇게 알아낸 모든 정보를 모아 생물의 일반적인 의미를 파악할 수 있다. 자연주의자는 동물 몸이 아니라 발견물, 즉 새로운 정보를 찾는 또 다른 형태의 사냥을 한다. 이 새로운 정보는 영속적인 실체로 간주되는 종에 대한 지속적인 기록에 포함될 것이다. 이러한 탐구는 실제 세계 속으로 더 깊이 들어가는 일이기 때문에 특히 만족스럽다. 우리는 이 세계 속에서 200만 년에 걸쳐 진화했지만, 아는 것이 그리 많지 않다. 자연주의자는 생기 있는 눈으로 본래의 인간 환경에 대해 규칙적으로 반응한다.

그 본래의 인간 환경이란 무엇이었을까? 이 질문에 답하기 위해 우리는 자연사를 어느 정도 심미적으로 판단해야 한다. 내가 더 많은 서식지들을 탐사할수록 어떤 공통된 특징이 잠재 의식적으로 나의 주의를 끌고 그 상태를 유지한다는 사실을 더욱 실감했다. 과거 생존에 가장 큰 영향을 끼친 어떤 한정된 특징에 강력하게 반응하도록 인간의 마음이 갖추어져 있다고 가정하는 것이 비합리적인가? 본능의 존재를 말하는 것이 아니다. 뇌에 연결된 유전 프로그램이 있다는 증거는 없다. 그러나 우리는 어떤 것들은 다른 것들보다 훨씬 더 빠르고 쉽게 배울 수 있다. 이러한 편향 학습의 가설은 최소한 실험할 가치가 있으며, 그 논리적인 출발점은 다음과 같은 두 가지 질문이다. 뇌가 진화한 일반적인 환경은 원래 어떤 모습이었나? 완전히 자유롭게 선택할 수 있다면 인간은 어디로 갈까?

이런 문제는 처음에는 전혀 헤아릴 수 없어 보이지만, 다음과 같은 생태학적인 일반화를 통해 해답을 찾을 수 있다. 모든 생물이 생존하기 위해 중요한 첫 단계는 서식지 선택이다. 일단 생물이 적합한 곳을 서식지로 선택하면 나머지는 쉬워진다. 그런 서식지에서 생물은 익숙한 사냥감을 찾아 공격하기가 쉽고, 피난처도 금방 구하며, 먹잇감들을 계략에 빠뜨리고, 구타하기까지 한다. 각 종은 종 특유의 감각 기관과 뇌의 여러 가지 복잡한 구조를 이용해 서식지를 선택한다. 뇌의 복잡한 구조들에 따라 개체들이 받아들이는 소리와 본 것과 냄새와 이런 자극들이 일으키는 일련의 반응이 결정된다.

동물들은 천성적인 행동 규칙을 따라 해부학과 생리학에 맞는 특별한 경로를 이용해 이동한다. 몇몇 동물은 태어나 처음 몇 분 동안 가장 중요한 결정을 한다. 포유류 중에 원시적인 동물인 캥거루는 태어난 후 어미의 생식기 구멍에서 주머니 깊숙이 있는 배꼽까지 이동한다. 이 땅콩만 한 동물은 앞을 전혀 볼 수 없기 때문에, 1센티미터마다 달라지는 어미의 털 냄새와 촉감을 본능적으로 정확하게 읽어야 한다. 인간의 유아가 똑같은 정위(定位, orientation, 생물이 몸의 위치나 자세를 능동적으로 정하는 일 — 옮긴이) 기술을 모방한다면, 자궁에서 도움을 받지 않고 빠져 나와 카펫 위를 기어 곧장 아기 방으로 들어가서 침대로 가 젖병을 쥐고 빨기 시작할 것이다.

많은 동물들은 아주 정확하게 서식지를 선택하기 때문에, 밀접하게 연관된 종은 다른 어떤 물리적인 특징보다도 발견되는 장소에 따라 더 빨리 구분될 때가 많다. 예를 들어 북아메리카딱새류들은 비교적 작고 색깔이 눈에 띄지 않는 새로서, 나무 안팎을 날아다니며 하늘에서 곤충을 잡는다. 외양만 보고는 전문가만이 이 종을 쉽게 구분할 수 있지만, 초보자라도 서식지만 잘 알면 확실하게 종을 구분할 수 있다. 버들솔딱새는 주로 습지와 젖은 가시덤불에서 살지만, 북아메리카딱새류 중에 다른 종들은 각각 침엽수림, 추운 소택지, 농지, 너른 혼합림 등지에서 서식한다.

좀 더 도움이 되는 예는, 미국 중부 초원에 서식하는 사슴쥐의 사례이다. 이 야생 개체군은 모든 종류의 숲, 심지어 풀이 무성한 바닥이 있는 숲도 피하고 평활 지역에만 한정적으로 서식한다. 생물학자들이 주요 자연 환경들을 모방한 야외 우리 안에서 이 개체들을 키운 결과, 평활 지역을 찾아가는 정위가 천성적인 특징이라는 사실을 알게 되었다. 또한 과학자들은 20세대 미만으로 이 사슴쥐 개체군들을 가두어 키워 서식지 고르는 법을 가르칠 수 있었다. 그 결과 사슴쥐 개체들은 평활 지역뿐만 아니라 숲에 들어가기도 했다.

도롱뇽, 개구리, 곤충 등은 작은 크기에 적합한 더 정교한 판별력을 가지고 있다. 이 동물들은 적당한 습기, 빛, 온도를 제공하는 돌 아래나

식물 위의 정확히 경계가 정해진 곳에 정착한다. 대장균도 물 한 방울 속에서 양분의 농도가 가장 진한 곳을 향해 확실하고 특별한 방법으로 노련하게 헤엄쳐 간다. 대장균은 몸 끝의 채찍 같은 편모를 배의 프로펠러처럼 돌리며 움직인다. 이러다가 농도 높은 곳에서 농도 낮은 곳으로 움직인다면, 즉 양분에서 멀어진다면, 이 세균은 회전 방향을 바꿔 편모의 섬유상 구조를 흩어지게 해 진로를 바꾼다. 이때 세균은 물속에서 뒹굴게 된다. 세균이 뒹굴거리기를 멈추면 섬유상 구조가 다시 붙어서 세균이 새로운 방향으로 헤엄칠 수 있다. 결국 세균은 시행착오를 거쳐 양분을 섭취할 만큼 농도가 높은 위치에 도달한다. 미생물학자들은 알려진 모든 정위 기구 중에서 가장 간단한 이 기구를 만들어 내는 유전자와 단백질의 위치를 파악하는 데 성공했다. 통제 분자의 구조를 바꾸어 세균이 헤엄치는 방향을 바꾼 변이를 미생물학자들이 확인했다. 이와 같이 학자들은 중요한 실험으로 진화 이론을 확인했다. 우리는 생물의 구조를 바꾸어 그 생물이 잘못된 서식지를 자동적으로 선택하게 함으로써 그 생물 스스로에게 사형 선고를 내리게 할 수 있다.

우리의 관심을 끄는 중요한 문제는 인간이 선호하는 서식지이다. 현생 인류는 부빙(浮氷) 위, 동굴 안, 바다 속, 우주 등 어떤 곳에서도 살 수 있는 유일한 종이라고들 하지만 이 말은 절반만 사실이다. 인간은 한정된 대기 조건에서만 살 수 있다. 그렇지 않은 환경에 들어가 살려면 계속해서 환경을 변화시켜야 한다. 또한 생존만 하는 수준을 넘어 좀 더

윤택하고 편리하게 살기 위해 많은 시간을 투자해 인접 환경의 겉모습을 개선해야 한다. 인간의 목표는 보통 심미적인 범주에 속하는 것으로 여겨지는 어떤 기준에 따라 서식지를 보다 '살 만하게' 만드는 것이다.

'생명 사랑'의 중심 문제를 미학과 관련해 다시 살펴보자. 문화적 진화에서 변화의 유력한 방향, 즉 인간이 무의식적으로 딱새류와 사슴쥐만큼이나 가차 없이 추구하는 이상에 대해 묻는 것은 흥미롭다. 만약 동물들이 정위 기구를 이용하고 수세대 동안 자연 선택으로 준비한 학습을 토대로 서식지를 선택한다면 사람도 똑같이 그렇게 할 수 있기 때문이다. 특정한 인간의 감정들이 타고난 특징이라면 이런 감정들은 이성적인 언어로 쉽게 표현할 수 없을 것이다. 뇌가 진화한 환경의 특성을 탐구하면 연구 전망이 밝아질 것이다. 그러면 내가 이전에 제기한 논리적인 가설은 좀 더 정확하게 표현될 수 있다. 즉 현대인이 온갖 이유를 붙이며 선택한 주거지와 고대인이 머물던 자연 주거지에는 공통점이 있는 것이다.

인간이 예전에 어떤 환경을 선택했는지에 대한 고고학적인 증거는 분명한 것 같다. 인간은 거의 200만 년 동안 아프리카의 사바나에 이어 유럽과 아시아의 사바나에서 살았다. 사바나는 탁 트인 공원 같은 초원을 연상하면 된다. 군데군데 나무들이 자라고 있다. 인간은 열대 우림과 사막을 피했던 것 같다. 이런 선택이 미리 정해진 운명 같은 것은 아니다. 인간이 피했던 두 가지 극단적인 서식지에 영장류가 서식하지 못할 특별한 이유는 없기 때문이다. 원숭이와 유인원 대부분은 열대 우림에서 번성했으며, 망토개코원숭이와 겔라다비비는 아프리카의 비교적 메마른 초지와 반사막에서 살기 적합하게 분화되었다. 현생 인류의 조상인 선사 시대 호모속(*Homo*)의 동물들은 구세계의 대형 영장류 진화 계통수에 속한 여러 종 중 한 종이기도 하다. 이 구세계의 대형 영장류 계통수에서 호모속의 종들은 중간 지형인 열대 사바나에 서식한 소수의 종에 속한다. 원시 인류의 진화를 연구하는 대부분의 학자들은, 우리 조상들이 두 발로 이동하고 팔을 자유롭게 움직일 수 있어서 평활 지역에 잘 적응할 수 있었고 그곳에서 풍부한 열매, 덩이줄기, 사냥감을 이용할 수 있었다고 인정한다.

・・・

몸은 사바나의 삶을 선택했다. 그러나 사바나에서 살고 싶다는 마음은 어디에서 온 것일까? 그것은 사람의 유전자에 그런 쪽의 아름다움을 선호하는 경향이 있음을 보여 주는 증거가 아닐까? 고든 오리언스(Gordon Orians), 투안이푸, 르네 뒤보스(René Dubos)는 각각 이것이 사실이라고 주장했다. 이들은 사람들이 좌우 대칭의 정원, 공동 묘지, 도시 주변의 쇼핑몰 등 사바나와 거리가 먼 곳에 사바나 같은 환경을 만들려고 노력하며, 메마른 환경이 아닌 너른 공간, 주변에 식물들이 드문드문 있고, 어느 정도의 질서가 잡히면서도 기하학적으로 완벽하지는 않은 환경을 갈망한다는 점을 지적했다. 특히 오리언스는 현대 진화 이론에 따라 이 생각을 잘 다듬고, 작지만 이를 입증하는 내용을 추가했다. 그는 조상 대대로 내려온 환경에는 세 가지 핵심 특징이 있었다고 간단히 설명했다.

첫째, 사바나는 다른 어떤 요소를 추가하지 않아도 먼 거리에서 동물들과 경쟁 무리들을 충분히 알아볼 수 있을 정도로 시야가 트여 있었으며, 잡식성 호미니드의 주식인 동식물도 충분히 있었다. 둘째, 지형적으로 두드러져 보인 점이 바람직했다. 낭떠러지, 작은 언덕, 산마루는 훨씬 더 먼 곳을 정찰하기에 유리한 지점이며, 이 지점들에서 돌출된 부분과 동굴은 밤에는 천연 은신처 역할을 했다. 곳곳에 있는 관목 덤불 속에서는 물을 마시며 다른 동물들을 피할 수 있었다. 끝으로, 호수와 강에서는 어류, 연체류, 먹을 수 있는 새로운 종류의 식물들을 얻을 수 있었다. 인간의 천적 중에 깊은 물을 건널 수 있는 동물은 별로 없기 때문에, 물가는 자연 방벽이 되었다.

이 세 가지 요소를 합쳐 보자. 사람들은 자유로운 선택을 할 수 있을 때마다 물이 내려다보이는 돌출된 곳에 위치하고 나무가 산재해 있는 광활한 땅으로 이동한다. 오늘날 전 세계 사람들이 이런 거주지를 선택하는 것은 더 이상 사냥 채집 생활에 유리하기 때문이 아니다. 사람들은 심미적으로 그런 선택을 한다. 그리고 이 선택으로부터 예술과 조경도 시작되었다. 가장 자유롭게 선택할 수 있는 사람들, 즉 부유하고 권력 있는 사람들은 호수와 강을 내려다볼 수 있는 높은 지대나 해안 절벽에 모여 산다. 이런 장소에 그들은 궁전, 별장, 사원, 법인 휴양소를 짓는다. 심리학자들은 익숙하지 않은 장소에 가는 사람들은 고층 건물을 향해 이동하거나 지평선 위의 다른 대상을 향해 이동하는 경향이 있다는 사실을 지적했다. 이들은 여가가 생기면 해안과 강둑을 따라 거닌다. 이들은 물을 바라볼 수 있는 언덕배기에 신성하고 아름다운 장소, 역사적인 사건의 기념물, 정부 청사, 박물관이나 저택을 짓는다. 그래서 이들은, 스위스 베른 주 툰의 체링겐키부르크 성(Zähringen-Kyburg fortress), 빈의 벨베데레 궁전(Belvedere palace), 생테티엔(Saint Etienne) 대성당, 프랑스 앙제의 성, 티베트 포탈라 궁전 같은 랜드마크격의 유명한 건물들이 그런 곳에 지어진 것이다. 그리고 고대에 지어진 아이슬란드의 고대 의사당 팅벨리르(Thingvellir), 그리스의 파르테논 신전, 테노치티틀란(Tenochtitlán, 고대 도시 아스텍 왕국의 수도 ― 옮긴이)에서는 대형 광장을 내려다볼 수 있다.

우리가 선호하는 풍경의 3요소는 경관 설계에 잘 드러난다. 사람들은 혼잡한 도시나 단조로운 땅에서만 살아야 할 때, 인공 사바나라고 부를 수 있는 경관을 재현한다. 폼페이에서 로마 인들은 거의 모든 여인숙, 식당, 개인 주택 옆에 정원을 조성했다. 이 정원들은 예술적으로 띄어 둔 교목과 관목, 풀밭과 꽃밭, 웅덩이와 분수, 가족 조상(影像) 등 모두 똑같은 기본 요소를 갖췄다. 안마당이 너무 좁아서 정원을 꾸밀 수가 없으면 집주인들은 대범하며 기하학적인 아상블라주(assemblage, 폐품이나 일용품을 비롯해 여러 물체를 한데 모아 미술 작품을 제작하는 기법 및 그 작품 ― 옮긴이) 형식으로 담 벽에 매력적인 동식물 그림을 그려 넣었다. 9세기 헤이안 시대부터 12세기까지 조성된 일본식 정원(중국에서 유래했을 것이다.)도, 교목과 관목, 앞이 트인 공간, 개울과 연못 등이 질서 정연하게 배열된 모양을 유사하게 강조한다. 이 나무들은 계속 개량되어 열대 사바나의 나무들과 높이와 수관 형태가 비슷하게 가지치기가 되었다. 이렇게 일본식 정원의 나무들이 열대 사바나의 나무들과 너무 비슷하기 때문에, 어떤 무의식적인 힘이 작용해 아시아 소나무와 다른 북방 종들을 아프리카아카시로 바꾸어 놓은 듯하다.

나는 이러한 비교가 이상하다는 점과 이 수렴이 단순한 우연의 일치일 가능성을 동시에 인정하려고 한다. 또한 개인들이 자신이 자란 환경의 특징을 간절히 유지하고 싶어 하는 것 또한 사실이다. 그러나 조경 설계사와 정원사, 그리고 특별한 지시를 받거나 설득당하지 않고 그들이 만든 작품을 즐기는 우리가, 인류가 선호하는 최적 환경에 대한 깊은 유전적 기억에 반응하고 있음을 좀 더 생각해 보자. 완전히 자유로운 선택 기회가 있을 경우 통계상 사람들은 사바나 같은 환경에 끌린다. 이 이론은 전 세계 여러 분야에서 발견된 관련이 없어 보이는 여러 사실들을 아우른다.

먼 옛날, 미국 서부 변경에서 개척자들은 자기 마음에 드는 풍경을 선택할 수 있었다. 그들은 일기와 기록에 가장 높이 평가한 주거지를 분명히 밝혔다. 그 주거지는 곧 사람들이 나무를 베어 농작물과 산울타리의 전원적인 풍경으로 바꿀 어두운 숲이 아니었다. 그 주거지는 물을 대고 풀과 나무를 심어야 할 텅 빈 사막 평지도 아니었다. 그들이 가장 높이 평가한 주거지는 이미 적절한 환경인 중간 거주지, 즉 우리 스스로 곧바로 진가를 인정할 수 있는 지역인 사바나였다. 사바나는 굽이치는 황금색과 녹색이 개울과 호수의 뚜렷한 그물 무늬로 분할되고, 깨끗하고 건조한 공기 속의 푸른 하늘에 구름이 드문드문 보이는 곳이었다. 미국 정부 원정대의 R. B. 마시(R. B. Marcy) 대위는 1849년 남부 평원에 가서 브래저스 강의 지류인 클리어 포크 주위의 땅을 보고, 그 땅을 "내가 본 중에서 가장 아름다운 13킬로미터의 땅"이라고 표현했다.

그곳은 평평한 초원 습지로서, 메스키트나무가 똑같은 간격에 일정한 높이로 크게 자라고 있었으며 야생 숲이라기보다는 광대한 복숭아 과수원 같은 모습이었다. 그곳의 풀은 짧은 버팔로그래스로, 새로 다듬은 풀밭처럼 길이가 일정하고, 토양은 홍하의 낮은 땅의 흙처럼 비옥하다.

마시 대위의 동료 W. P. 파커(W. P. Parker)도 동의했다. "그 풍경은 해가 질 때 가장 넓고 강렬했으며, 여행 전체 일정 동안 본 것 중에 가장 놀라웠다. 우리의 시야 전체에 뻗어 있는 지평선까지 확장된 평원은 광대하고 장엄했으며, 황금색 양탄자처럼 펼쳐진 버팔로그래스와 그 사이에서 자란 메스키트나무들은 대조를 이루어 아름다웠다."

식물학에 관한 기록으로 보면, 메스키트나무는 미모사 관목이다. 브래저스 지역에는 미모사과의 한 종류인 아프리카아카시와 밀접하게 관련된 우점 생물 형태가 있으며, 이 브래저스 지역은 열대 사바나와 상당히 비슷하다. 나는 플로리다 에버글레이즈의 참억새류와 수국딸기 밭, 퀸즐랜드의 유칼립투스 숲에서도 비슷한 매력을 느꼈으며 남아메리카의 광대한 미개척 사바나에서는 가장 강렬한 매력을 느꼈다.

얼마 전에 나는 브라질 과학자들에 합류해 수도 브라질리아 주변의 고지 사바나인 세라도를 탐사하러 갔다. 우리는 마치 명령이라도 받은 것처럼 가장 높은 고지로 곧장 올라갔다. 우리는 키 큰 풀의 물결치는 모습, 수림 초원, 숲의 작은 식물 군락을 살펴보고, 하늘에서 원을 그리며 도는 새들을 관찰했다. 또한 평원 위에 높은 산처럼 솟아 있는 적운(積雲)을 자세히 관찰했으며, 어느 정도 먼 언덕 뒤의 계곡에 내리는 비의 회색 장막을 보았다. 우리는 하변림, 즉 넓은 하상(河床)의 둑을 따라 굽이쳐 자란 나무들이 이룬 작은 숲을 찾아갔다. 우리는 지평선 가까이에 있는 브라질리아를 눈여겨보며, 간격이 적당한 계단 모양의 낭떠러지와 거대한 나무들처럼 솟아 있는 그 빛나는 건물들과 기념물들에 찬탄을 보냈으며, 좀 더 살기 좋게 좀 더 인간적인 면을 고려해 계획되고 조성된 그린벨트와 인공 호수에 대해 논의했다. 모두 이곳이 매우 아름답다는 데에 동의했다. 멜빌은 이런 감정에 대해 다음과 같이 썼다. "나이아가라가 모래 폭포뿐이라면 1600킬로미터를 가서 보겠는가?"

실용적인 것을 중시하는 사람들은 특정 환경이 단지 '훌륭하며' 그것으로 끝이라고 주장할 것이다. 그렇다면 왜 그 분명한 것에 부연 설명을 하는가? '분명한 것'은 보통 크게 중요하기 때문이다. 설탕은 달콤하고, 근친상간과 식인 풍습은 불쾌하며, 팀 스포츠는 기분을 돋운다는 것과 똑같은 일반적인 이유로 일부 환경은 실제로 쾌적하다. 각 반응은 유전적으로 먼 과거에서 비롯된 특별한 의미를 띤다. 왜 우리가 여러 대상 중에서 특정한 일련의 대상을 뿌리 깊이 편애하고 다른 대상은 그렇지 않는지 이해하기 위해서는 인간 연구의 중심 문제를 해결해야 한다.

단지 다른 동물들이 이상적인 환경이라고 찾고 있는 것을 사람들도 찾고 있는 것뿐인지에 대해서는 아직도 논란이 있을 것이다. 그것이 사실이라면 이 문제 전체가 하찮아질 것이다. 인간 본성의 가장 일반적인 특성 중에 섭식과 배설 같은 하등 동물들과의 공통점은 다람쥐와 쌀먹이새 같은 단순한 동물들을 통해 보다 효율적으로 연구할 수 있다. 하지만 이것은 사실이 아니다. 성 선택, 섭식 선택, 사회적인 행동 등의 법칙이 어느 정도 몇몇 다른 종과 공통되기는 하지만, 전체적인 특징은 현생 인류에만 한정된다. 상징화와 언어뿐만 아니라 기본적인 인지 분화 대부분이 독특하다. 이런 특징에 속하는 듯한 '생명 사랑'의 본능은, 구세계의 온화한 기후에 전개된 영장류의 유전적 역사와 일치해 훌륭하게 구축되었지만 상당히 비합리적이다. 목자자리 아르크투루스에서 지구를 찾은 외계인 동물학자들은 우리의 진화 역사를 재구축할 때까지 우리의 도덕과 예술에 대해 알 수 없을 것이다. 우리 역시 우리의 진화 역사를 재구축할 때까지 인간의 도덕과 예술에 대해 알 수 없을 것이다.

· · ·

인간의 생명 사랑 본능의 힘을 가늠할 수 있는 또 한 가지 방법이 있다. 구름 한 점 없는 하늘에 닿은 눈 덮인 봉우리가 수평선에 둘러 있는 아름답고 평화로운 세계를 상상해 보자. 중앙의 골짜기에, 폭포가 가파른 낭떠러지 아래로 떨어져 투명한 호수로 흘러 들어간다. 절벽 끝의 꼭대기에는 음식과 모든 과학 기술의 편의 시설을 갖춘 집이 있다. 숙련공들은 아래쪽 땅에서 물과 작은 관목 숲과 오솔길이 절묘한 균형을 이룬 교토의 긴카쿠지(金閣寺) 정원이나 19세기 말 영국의 정형 정원(formal garden, 좌우 균형을 맞춰 가꾼 대칭형의 정원 — 옮긴이) 같은 지구상의 귀중한 경치의 복제물을 열심히 만들었다. 아무 생물도 없다는 한 가지 사실만 제외하면, 이곳은 인간이 상상력으로 구현할 수 있는 시각적으로 가장 쾌적한 환경이다. 이 세계는 죽어 있다. 이 정원의 인공 식물은 뛰어난 장인이 잎과 줄기까지 모두 일일이 플라스틱으로 모양을 만들고 색칠한 것이다. 단 하나의 미생물도 호수에 떠다니거나 땅속에 숨어 있지 않다. 이곳에는 이따금씩 떨어지는 물소리와 플라스틱 나무 사이로 가끔씩 살랑거리는 바람 소리만 들릴 뿐이다.

어떤가, 마음에 드는가? 이렇게 모든 것을 보장한다고 해도 본질적인 것을 제외한다면, 잔인한 지옥의 일부일 뿐이다. 이곳은 달과 같은 풍경에 공기와 정교한 장치를 더해 세운 무덤이다. 우주 여행 시대, 인류는 이런 인공 세계에서 살게 될 것이라고 주장하는 사람들이 있다. 그러나 이곳에서 사람들은 정신적 위험에 처할 것이다. 인간의 정신은 그 자체를 넘어선 신비와 아름다움 없이는 무의미하다. 다른 생명이 없다면, 자연이 없다면 단순하고 유치한 형태로 떠돌 것이다. 인공물은, 인공물이 본뜨려고 하는 생물과는 비교가 안 될 정도로 어설프다. 이런 인공물은 우리 생각의 거울일 뿐이다. 이런 인공물 속에서만 살면, 우리는 반복되는 삶 속에 갇힐 것이고, 움직일 때마다 우리를 이루는 작은 것들을 하나하나 잃어버려 결국 이 인공물로 구성된 생명 없는 허상에 융합될 것이다.

예외는 늘 불완전하고 일시적이다. 성격이 강하고 분명한 목표를 정한 소수의 사람들은 자신들과 자신들의 기계만으로 이루어진 세계로 한동안 탈출해 별다른 손해를 보지 않고 그곳에 살 수 있다. 시릴 스미스는 아메리칸 브라스 컴퍼니 직원으로서 야금 분야 일을 시작했을 때, 주물 공장의 불과 뗑거릉 하는 소리를 심미적인 경험으로 여겼다.

나는 생생하고 관능적인 그때를 기억한다. 돼지기름 타는 냄새. 주물 공장의 녹은 놋쇳물. 작업 중인 코크스로 불을 붙인 마지막 용광로 몇 개와 도가니를 끌며 금속 위의 불순물을 걷어 내며 젓는 사람들. 큰 공장 전체를 돌리던, 커다란 속도 조절 바퀴와 굴대가 있는 코리스 기관(Corliss engine)으로 계속 움직이는 압연기의 멋진 줄. 낙하 해머와 나사 압착기의 춤과 뗑거릉 하는 소리, …… 한번도 찾지 못한 것을 찾기 위해, 이런 기계로 가득한 공장 건물들이 복잡하게 모여 있는 곳을 배회하는 꿈을 지금도 자주 꾼다.

하지만 스미스는 인공 세계에 적응한 악마 같은 수습공이 아니었다.

스미스는, 가장 빠르게 변하고 시각적으로 극적인 사건, 다시 말하면 준생명(準生命, quasi-life), 결국 생명 자체로 돌아간다고도 할 수 있는 것에 끌렸다. 그가 열망하는 꿈속에서도 그는 유사한 종류의 새롭고 막연한 경험을 찾았다. 스미스는 자신의 자서전적인 저서 『구조 탐구(*A Search for Structure*)』에서 이 주제를 확장하면서 물리적인 세계와 기술의 가장 매력적인 유형을 동식물의 예술적인 재현과 비교했다. 인간은 기계보다 생물에 더 빨리, 더 완전하게 반응한다. 인간은 기회가 생기면 자연 속으로 걸어가 탐험하며 사냥하고 정원을 가꿀 것이다. 인간은 복잡하고 성장하며 예측하기가 충분히 불가능해서 흥미를 끄는 존재를 선호한다. 인간은 가장 무서운 장치를 생물이라고 생각하거나, 이런 장치를 수리, 꽃 장식 띠와, 인간의 실제 생물 인식을 보여 주는 다른 상징으로 꾸미는 경향이 있다. 미래학자가 상상하는 궁극적인 기계는, 창조자로부터 좋은 의미로 독립해 핵심적인 점에서 준생명이라고 할 수 있는 자기 복제 로봇이다. '기계 사랑(mechanophilia, 기계 호성 또는 기계애로 번역할 수 있다. ― 옮긴이)'은 생명 사랑 본능의 특별한 변종일 뿐이다.

  이러한 특징들을 보면, 별들 가운데에 있는 인간의 운명에 특정한 제한이 있음을 알 수 있다. 내 소견을 한번 풀어 보겠다. 과학자로서, 따라서 지적인 낙관론자로서 나는 우주 탐사로부터 대부분의 사람들보다 아마 더 많은 영감을 받을 것이다. 우리의 지식과 자기 이해는 탐사 위성과 다른 천체에 내려보낸 탐사 로봇들을 통해 크게 확장되었다. 그리고 이 기술적인 파급 효과는 한계가 없는 듯하다. 우리가 달에서 노천 채굴을 할 수 있고 한 혜성의 꼬리에서 희귀한 원소를 쓸어 모을 수 있고, 금성 대기를 지구의 대기와 비슷하게 바꿀 수 있다면, 실질적이고 과학적인 혜택과 비용의 균형이 유지되는 한, 우리는 주저하지 않을 것이 분명하다.

그러나 인간이 우주를 실제로 식민지화하는 것은 전혀 다른 문제이다. 어느 누구도 이 모험으로 큰 이득을 기대할 수 있다는 점은 의심하지 않는다. 이 모험을 통해 우리는 우리 세계를 지구 밖으로 한없이 확장할 수 있을 뿐만 아니라 정신적으로 최고의 만족을 느낄 수 있을 것이다. 우리는 우주를 식민지로 만들어서 지구의 잉여 동식물 개체군을 우주로 보내어, 지구 생물들(더욱 중요하게는 우리 인간)의 문제를 해결할 수 있을 것이다. 이 우주 식민지화라는 꿈의 선구자인 제라드 오닐(Gerard O'Neill, 1927-1992년)과 NASA 기술자 등 다른 전문가들은 이 계획의 기술적인 면을 탐구했으며 이 계획이 실현 가능하다고 확신하고 있다. 그들이 구상하는 거대한 원통형 인공 거주구는 감탄할 만한 정도로 규모가 크고 정교하다. 그 내부에는 농경지, 공원, 호수가 줄지어 있을 것이며, 이것은 이미 예비 설계도에 설득력 있게 묘사되어 있다. 이러한 상상 속에서는 분명히 설계자가 원시인이 살았던 환경에 무의식적으로 이끌린 점을 발견할 수 있다. 그러나 그 안에는 문제도 있다.

왜냐하면 식민지 개척자들의 정신 건강이 신체 건강 못지않게 중요하다는 인식이 설계자의 마음속 깊은 곳에 자리 잡고 있기 때문이다. 우주 식민지의 개척자들은 모두 크기를 가늠할 수 없는 풀리지 않은 다음 문제로 괴로움을 당하게 될 것이다. 우리가 지구 생물을 우주 식민지로 옮길 때 심리적인 맥락에서 치명적인 결과를 초래하지 않을 수 있을까? 미생물과 식물의 생활사가 계속되면, 안정적인 생태계가 생성될 수 있을 것이다. 그러나 그렇다고 해도 그 생태계는 여전히 지구에서 절망적으로 고립된 아주 작은 섬에 불과하며, 인간이 진화한 환경에 비해 단순할 것이다. 원래 지구 생물권의 화려한 모습을 알고 있는 사람들은 이렇게 축소된 세계가 지루해서 견딜 수 없을 것이다.

그곳을 살아 있는 곳으로 유지해야 한다는 의무는 훨씬 더 고통스러울 것이다. 상상 속의 우주 식민지에서 하는 정신 생활과 지구상에서 하는 보통 정신 생활에는 근본적인 차이가 있다. 인간의 전문 기술이 개입해야만 세계 전체가 무너지지 않고 유지될 수 있다는 사실은, 인간이 시도하면 세계 전체를 파괴할 수 있다는 사실보다 훨씬 더 두려운 일이다. 이런 비교는, 한 환자가 건강하게 거리에서 걷는 모습을 보는 것과 정반대로 한 환자가 집중 치료를 계속 받게 하는 것과 유사하다. 인간은 그러한 짐을 질 수 없다. 인간은 이 점에서는 신과 같은 모습으로 창조되지 않았다. 따라서 인류가 태양계와 다른 곳까지 영토를 확장하는 꿈은 너무 멀다고 나는 생각한다.

우주 생물 논의는 실제적이라기보다는 상징적이라는 점에서 중요하다. 우주 식민지 건설은 공공 사업 과제 목록 중 한참 아래에 있으며, 21세기 사업 예정표 상으로도 수세대 안에는 착수될 것 같지 않다. 하지만 우리는 우주 식민지를 통해 '우리 자신에 대한 지식'이 빈곤하다는 점을 알 수 있다. 인류의 대담하고 파괴적인 경향은 이전보다 더 강해졌으며, 우리는 이런 경향에 대해 제대로 해석하지도 못했다. 이 경향은 오래된 생물학적 기원을 가지고 있을 정도로 조사하고 다루기가 매우 어렵다. 우리가 이 경향을 역사의 결과로 계속 진단하고 이런 경향을 간단한 경제적, 정치적 치유책으로 없앨 수 있다고 생각한다면, 우리는 우주 식민지 건설이라는 모험을 하게 될 것이다. 그러나 적어도 인간 본성의 소포클레스적 결함(Sophoclean flaws, 비극적 결함, 즉 인간이 자신의 존엄성 또는 사회에서의 올바른 지위가 도전받았다고 느낄 때 수동적으로 있기를 거부하는 것 — 옮긴이)은, 우주의 별로 피한다고 해서 피할 수 없다. 인간이 지구에서 제대로 살지 못하는데, 생물학적으로 축소된 우주의 인공 환경에서 살아남을 수 있다고 어떻게 기대할 수 있을까?

마음의 작용에 더 많은 신경을 쓰라는 것은 정말 중요한 충고다. 그렇다면 우리는 스스로가 다른 생명에 얼마나 의존하고 있는지 좀 더 주의를 기울여야 한다. 뇌는 존재하는 데에 필요한 최소한의 접촉뿐만 아니라 낭비처럼 보이는 수많은 접촉들로부터 마음을 엮어 가는 경향이 있다. 어떤 의미에서 보면 낭비야말로 생명의 증거일지도 모른다. 연구실 우리 속에서 잘 자란 것처럼 보이는 원숭이들과 콩만 먹고도 살이 찌는 소들과 마찬가지로 인간도 동식물이 없는 환경에서도 겉보기에 정상적인 모습으로 자랄 수 있다. 이들에게 행복하냐는 질문을 하면 아마 그렇다고 답할 것이다. 하지만 그렇게 자란 사람에게는 절대적으로 중요한 것들이 결여되어 있을 것이다. 내가 확언할 수 있는 것 한

가지는 우주와 마찬가지로 지구에서도 잔디밭, 화분에 심은 식물, 새장에 가둔 잉꼬, 강아지, 고무 뱀으로는 충분하지가 않다는 것이다. 인간은 다른 생물과 함께 살아야만 하는 존재이다.

생명의 윤리

중요하지만 아직 별로 알려지지 않은 주제에 대해서 사람들은 보통 윤리적인 문제들을 제기한다. 이것이 첫 단계이다. 그리고 지식이 늘면서 사람들이 정보에 더 신경을 쓰고 윤리에는 신경을 쓰지 않는 두 번째 단계로 넘어간다. 다시 말하면 사람들은 편협하게 지식을 추구하게 된다. 그러나 사람들이 이 주제를 결국 충분히 이해하고 난 후에는 세 번째 단계로 넘어가 다시 윤리적인 것이 된다. 환경 보존주의(environmentalism)는 지금 첫 단계에서 두 번째 단계로 진행되는 중이지만, 나는 곧장 세 번째 단계로 가기를 기대한다.

환경 보존 운동의 미래는 이러한 윤리적 논의가 어떻게 전개되느냐에 달려 있다. 생물학이 발달하고, 생물학의 혼성 분야이면서 최근의 생물학 발전으로 가능해진 여러 가지 기술적 진보를 다루는 생명 윤리학(bioethics)이 발달해야 환경 보존 운동도 이 분야들과 함께 발달한다. 그러나 철학자들과 과학자들은 환경 보존 문제보다는, 부족한 이식용 장기를 어떻게 할당할 것인지, 모든 인간이 염원하지만 엄청난 비용이 드는 생명 연장을 어떻게 달성할 수 있을지, 유전 공학을 어떻게 이용해 인간의 유전 형질을 바꿀지 등의 복잡한 문제를 주로 분석하고 있다. 그들은 인간과 생물들 사이의 관계도 이런 복잡한 문제들과 똑같이 엄정하게 고려하기 시작했을 뿐이다. 왜 사람들이 한 가지에는 신경 쓰면서 다른 한 가지에는 신경 쓰지 않는지, 왜 그들이 그냥 도시보다는 공원이 있는 도시를 선호하는지에 대한 궁극적인 이유, 즉 동기를 가장 정확하게 이해해야 한다는 점은 분명하다. 좀 더 깊이 있고 지속적인 보존 윤리를 만들기 위해서는 감정과 감정의 이성적인 분석을 연결해야만 한다.

선구적인 생태학자이며 『모래 군의 열두 달(A Sand County Almanac)』의 저자인 알도 레오폴드(Aldo Leopold)는, 윤리란 아주 새롭거나 복잡한 환경에 일련의 규칙을 맞추거나 또는 보통 사람은 최종적인 결론을 예상할 수 없는 미래의 한 시점까지의 주변 반응에 일련의 규칙을 맞추기 위해 창안된 일련의 규칙이라고 정의했다. 지금 여러분과 내게 유익한 것이 10년 내에 무용지물이 되기 쉽고 앞으로 20~30년 동안 이상적인 것처럼 보이는 것이 다음 세대를 파멸시킬 수 있다. 그래서 어떤 윤리가 그 이름값을 하려면 반드시 먼 미래를 포함해야 한다. 생태학과 인간 마음의 관계는 너무 복잡하기 때문에 직관이나 상식만으로는 완전히 이해할 수 없다. 우리가 18세까지 획득한 편견들의 집합인 상식을 과대 평가해서는 안 된다.

가치는 시간에 따라 달라지기 때문에 계속 유지하기가 어렵다. 우리는 스스로와 가족을 위해 건강과 안전, 자유와 즐거움을 추구한다. 우리의 후손도 같은 것들을 누릴 수 있게 되기 바라지만 개인적으로 어떤 큰 희생을 감수하려 하지는 않는다. 자연 선택은 우리를 우리 자신의 생리 작용이 지속되는 시간 범위까지만 생각이 미치게끔 만들어 놓았다. 그래서 보존 윤리를 사람들 사이에 확산시키기가 힘들다. 사람들의 마음은 몇 시간, 며칠 아니면 길어야 100년 범위 안에서 이리저리 움직인다. 사람들은 숲의 나무를 전부 벨 것이고 지구의 기온은 서서히 올라가겠지만, 그 결과가 두세 세대 동안 결정적인 영향을 미치지 않는다면, 그 결과에 동요해 위기감을 품는 사람은 별로 없을 것이다. 사람들은 수백 년, 수천 년에 걸친 생태학적, 진화적 시간을 지적인 형식으로는 마음속에 품을 수 있지만 곧바로 감정적인 영향을 받지는 않는다. 사람들은 이례적으로 많은 교육을 받고 사려 깊은 생각을 해야만, 먼 장래에 일어날 사건들에 정서적으로 반응하게 되며 후손들을 중요하게 여기게 된다.

우리가 보존 윤리를 좀 더 이해하려면 진화론적 현실주의에 근거한 더 큰 척도가 필요하다. 우리는 우리의 후손에게 어떤 의무를 지고 있나? 일부 독자들의 기분을 상하게 하는 위험을 무릅쓰고 나는 이렇게 말하겠다. 아무 의무도 없다고. 의무는 수세기가 지나면 그 의미를 잃을 것이다. 그러나 우리 스스로에 대해서는 어떨까? 무한한 의무를 지고 있다. 인간이라는 존재가 입증할 수 있는 어떤 의미를 지닌다면, 우리는 열정과 노고를 다해 그 존재를 지켜 나가야 한다. 먼 미래에 대해 생각하는 것은 후손들이나 어떤 추상적인 도덕을 위해서가 아니라 우리 스스로를 위해서이다. 우리가 먼 미래에 대해 생각하는 이 수단을 정확하게 선택하고 이것을 말로 정확하게 옮기는 것은 매우 중요하다. 만약 우리 삶의 본질이 인류라는 종과 개인의 유전자를 존속시키는 것이라면 미래의 세대를 위해 준비하는 것은 인간이 할 수 있는 가장 높은 도덕의 표현이기 때문이다. 따라서 수백 년간 사람들이 살아온 자연 세계가 파괴되는 것은 위험한 단계이다. 그리고 나중에 파괴 행위를 중단하더라도 자연 환경과 그 다양성은 본래대로 복원되지 않기 때문에, 종 전체가 멸종되도록 두는 일은 최악의 도박이다. "땜장이의 제1의 법칙은 모든 조각을 갖고 있어야 한다는 것"이라고 한 레오폴드의 말이 떠오른다.

 이 명제는 또 다른 식으로 표현될 수 있다. 다음 몇 년 동안 일어날 법한 사건들 중 어떤 사건이 우리 후손들을 가장 실망시킬까? 모든 사람들이, 국방 장관들과 환경 보존 운동가들과 마찬가지로, 최악의 시나리오는 전면 핵전쟁이라는 데에 동의한다. 핵전쟁이 일어난다면 전 인류가 위기에 처할 것이다. 인간들이 살고 싶은 삶은 끝이 난다고 보아야 한다. 이 끔찍하고 자명한 이치를 인정하는 일 말고도, 방아쇠를 당기는 국가가 없어도, 앞으로 일어날 수 있으며 사실 이미 진행 중이기도 한 최악의 사태는 에너지 고갈이나 경제 붕괴, 전통적인 전쟁이 아니며, 심지어 독재 국가들의 확산도 아니라는 점을 알아야 한다. 이런 대재앙들이 아무리 비극적이라고 해도, 두세 세대 안에 우리는 이전으로 돌아갈 수 있다. 현재 진행 중이며 수백만 년이 걸려야 고칠 수 있는, 후손들의 비난을 피하기 어려운 최악의 사태는 자연 서식지 파괴로 인해 유전적 다양성과 종 다양성이 손실되는 것이다. 우리 후손들은 우리의 그 어리석은 행위를 절대 용서하지 않을 것이다.

멸종 속도는 점점 빨라지고 있다. 앞으로 20년 후에는 엄청나게 파괴적인 속도로 생물들이 멸종할 수도 있다. 새와 포유류만 사라지고 있는 것이 아니라 이끼, 곤충, 피라미 같은 작은 생물들도 사라지고 있다. 현재 멸종 속도를 줄잡아 추정해 보면 1년에 1,000종씩이며, 이렇게 생물들이 멸종하는 이유는 대체로 숲과 열대 지방의 주요 서식지가 파괴되기 때문이다. 1990년대까지 멸종 속도는 연간 1만 종(시간당 1종)을 넘을 것으로 예상된다. 이 예상에 따르면 앞으로 30년 동안 100만 종이 멸종할 수 있다.

현재 진화 생물학이 발달 초기 단계이므로 멸종 속도의 대략적인 범위만 추정할 수 있지만, 현재의 멸종 속도는 최근의 지질학적 역사 중에 가장 빠르다. 또한 현재 멸종 속도는 진화를 통한 새로운 종의 생성 속도보다 훨씬 빠르기 때문에, 세계의 생물 다양성은 엄청나게 감소하고 있다. 우리에게 익숙한 콘도르, 코뿔소, 매너티, 고릴라 등 지난 1000만 년간 출현한 전 범주의 생물들이 멸종 위기에 처해 있다고 해도 과언이 아니다. 이 종들 대부분은, 현재 살아 있는 개체들이 야생 상태로 존재하는 마지막 개체들일 것이다. 생물 종들은 자연적으로 생겼다가 사라지며 인간은 최근에야 환경을 오염시켰을 뿐이라는 다윈주의인 척 하는 주장으로 이런 손실을 과소평가하는 것은 엄청난 실수를 저지르는 것이다. 사실 인간의 파괴성은 상당히 새로운 개념이다. 아마 인간의 파괴성은 약 1억 년만에 한 번씩 지구에 충돌해 지구 전체를 암흑으로 만든다고 생각되는 거대한 운석과 맞먹을 것이다(운석은 6500만 년 전에 충돌해 공룡의 멸종을 초래했다.). 운석이 지구에 충돌하는 시간 간격은 문명 역사 전체보다 1만 배나 더 길다. 인류는 심미적인 가치, 생물학적 연구로 인한 실제적인 이익, 전 세계의 생물 안정성 면에서 엄청난 손실을 입을 것이다. 우리는 생물 다양성의 깊은 보고(寶庫) 안에 무엇이 있는지 잘 알지도 못한 채로 이 보고를 파헤치고 경솔하게 버려 왔고 앞으로도 그럴 것이다.

간단한 해답과 훌륭한 지침을 얻기에는 시간이 늦었고 관념적인 대결은 이미 시작되었다. 산업화를 막아서 얻을 수 있는 것은 없다. 그러나 산업화의 초기 단계에서 초래된 모든 문제를 해결할 수 있으리라는 믿음을 계속 가져서는 얻을 수 있는 것이 더더욱 없다. 지금 가장 필요한 것은 우리 문제와 관련된 신뢰할 수 있는 생물학적 지식, 일반적인 수준을 넘는 시민 의식 그리고 '중용(中庸)'을 갖춘 지도력이다.

윤리 철학은, 종교와 사상의 교리가 지배하는 사회에서 일반적으로 용인되는 주제들보다 훨씬 더 중요한 주제이다. 윤리 철학은 보존 문제의 복잡성 면에서 특히 심각한 시험에 직면한다. 시간의 척도가 생태학적 사건을 포함하도록 확장될 때 지혜로운 결정을 하기가 훨씬 더 어려워진다. 모든 것이 모호함 투성이이다. 우리는 중심을 잡기가 힘들고, 일반 이론들은 잘 들어맞지 않는다. 같은 시대의 사람들에게는 악한인 사람이 후손들에게는 영웅이 될 수 있다고 생각해 보자. 한 독재자가 자기 국민들은 가난하게 살도록 두면서 자신의 개인적인 이해 관계 때문에 나라의 땅과 천연 자원을 신중하게 보존한다면, 그는 의도하지는 않았지만, 훗날 민주화된 후손들에게 줄어든 인구에 풍부하고 건강한 환경을 물려주게 될 것이다. 후손들의 지도자는 국민들에게 좀 더 많은 자원과 더 많은 행동의 자유를 주어 장기적으로 복지 향상에 기여할 것이다. 그 정반대의 상황도 일어날 수 있다. 오늘의 영웅이 내일의 파괴자가 될 수 있다. 국민들을 위해 에너지 규제를 해제하고 생활 수준을 높인 인기 있는 정치 지도자가, 다음 세대에는 인구 폭발, 자원 남용, 도시 집중화, 빈곤을 촉발할 수도 있다. 물론 이 두 가지 극단적인 예는 풍자로서, 정말 그대로 일어나지는 않을 것이다. 그러나 이 예들은 생태학적, 진화적인 시간 속에서 보면 선(善)이 반드시 선에서 오지는 않으며 악(惡)도 반드시 악에서 오지는 않는다는 점을 잘 보여 준다. 가까운 미래에 최선을 선택하기는 쉽다. 그러나 가까운 미래와 먼 미래에 모두 최선을 선택하기란 어려운 일이다. 가까운 미래와 먼 미래의 최선에 해당하는 것이 대립할 수 있기 때문에, 이것을 판단할 수 있는 윤리 규칙을 정해야 한다.

...

 영속적인 윤리 규칙은 강압적인 독재자에 의해 한 번에 형성되는 것이 아니라, 일반적인 관례들이 모여 귀납적으로 형성된다. 우리는 과거 사례들의 도움을 받아 감정과 합의에 따라 지식과 경험을 확장하며 이 윤리 규칙을 형성한다. 또 이 윤리 규칙은 인간의 정신이 점진적으로 성장한다는 법칙의 영향을 받는다. 선의의 책임 있는 사람들이 기회를 가려내고 규범과 방향에 합의하는 동안 이 윤리 규칙이 형성된다.

 보존 윤리는 이 유형에 따라 진화하고 있다. 보존 윤리는 몇 세기 전에 몇 가지 우연한 생각과 행동으로 시작되었다. 초기 예술과 학문 대부분이 지배 계급의 도락을 위한 도구였듯이, 세계 각지의 최초의 생물 보호 구역들은 이기적인 이해 관계의 산물이었다. 예를 들어 스리랑카 캔디(Kandy) 왕가의 정원, 유럽의 왕실 사냥 보호 지역, 하와이 제도의 니하우 섬, 플로리다 만의 리그넘바이티 키(Lignumvitae Key) 같은 몇몇 섬들은 특정한 가족들만 이용할 수 있다.

 나는 이런 곳들에서 최초로 생물학 연구를 하라는 제안을 받아 이 곳들 중 니하우를 제외한 모든 곳과, 여기에 나열하지 않은 다른 많은 곳들을 방문했다. 피델 카스트로가 산티아고 데 쿠바의 몬카다 요새를 공격하기 한 달 전인 1953년 6월 25일 쿠바 시엔푸에고스 근처의 블랑코 숲이라는 곳에 나는 지프를 타고 카스트로보다는 훨씬 더 가벼운 임무를 띠고 도착했다. 그 땅은 스페인에 사는 한 부유한 가족의 소유지였는데, 그 가족은 그 땅을 개발하기를 거부했다. 주변 모든 숲의 나무가 베어져 초원과 농경지로 바뀌자 블랑코 숲은 해안 저지 토착 동식물의 희귀한 피난처가 되었다. 그렇게 되지 않았다면 그 부자들만의 사유지는 호감을 주지 못하는 식림지로 그쳤을 것이다. 우리는 그 숲으로 걸어 들어감으로써 쿠바의 지질학적 과거, 즉 인간이 출현하기 전인 플라이스토세로 돌아갈 수 있다. 이 시간 여행이 가능해진 것은 역설적으로 한 부자 가족의 이기적인 행동이라고 불러 마땅한 조치 덕분이다. 5000만 년 동안 쿠바를 포함한 대(大)앤틸리스 제도는 중앙아메리카에서 카리브 해를 사이에 두고 동쪽으로 분리되었다. 수많은 사건 속에서 쿠바의 숲에는 아메리카 대륙과 주변 섬들에서 온 동식물이 자라기 시작했다. 많은 개체군이 멸종했고, 몇몇 다른 개체군들은 살아남아 수천 세대 동안 이곳에서만 발견되는 속과 종으로 진화해 경쟁 동물, 포식 동물, 먹이의 복잡한 체제 속에 함께 엮였다. 생물학자들은 여러 생물에, 쿠바엔시스(*cubaensis*), 안틸라나(*antillana*), 카리바이아(*caribbaea*), 인술라리스(*insularis*)처럼, 그 기원과 독특한 서식지를 반영한 정식 학명을 붙였다. 이제 다음과 같은 결론을 내릴 수 있다. 진화적으로는 무시해도 좋은 짧은 시간 간격 내에, 즉 피델 카스트로와 대략 같은 나이지만 영웅과는 거리가 먼 곤충학자의 일생 중에 이 숲 대부분과 쿠바 자연사의 중요한 부분이 사라졌다. 내가 쿠바에서 전략적으로 아무런 의미가 없는 구역을 방문했던 1953년 카스트로는 바티스타 정권의 법정에서 진행된 재판 중에 역사가 자신을 용서할 것이라고 선언했다. 나는 과연 역사가 카스트로를 용서할지, 블랑코 숲이 그 후 '국민들을 위해' 개간되었을지, 영웅과 정치 혁명이 기억 속에 희미해질 때 쿠바 국민들이 언젠가 그런 곳을 국가적인 유산의 일부로 어느 정도 소중히 여길지 궁금하다.

세계의 다른 곳에서도 역시 단기적으로 사회에 필요했기 때문에 보존 활동이 진행되었다. 고대 아시아 숲에 살던 생물 중에 지금까지 건재한 은행나무는 겉씨식물목에 속하는 식물 중에 유일하게 살아남은 종이다. 은행나무는 야생에서 멸종했지만, 사람들이 중국과 일본의 사찰 정원에 관상용으로 심었기 때문에 살아남을 수 있었다. 사불상(Père David's deer)은 한때 중국의 광범위한 서식지에서 살았지만, 대부분 사냥으로 잡힌 이후 남은 소수의 개체들이 베이징의 황실 사냥터에서 몇 세대 동안 서식했다. 1898년 이 마지막 사불상 무리가 모두 잡히기 직전에, 베드포드 공작은 워번 대수도원의 땅에 새로운 사불상 개체군이 자리 잡도록 했다. 이곳에서 자란 사불상들은 그때부터 다른 보호 구역과 공원에서 살게 되었다. 이것은 고유한 동식물상을 재구축할 가능성을 온존시킨 것으로서 매우 가치가 있다. 이 보존을 발판으로 개체들을 원래의 서식지로 이전시켜서 안정된 수준으로 번식시킬 수 있다. 사불상도 언젠가는 중국에 남은 삼림 지대에서 활기차게 돌아다닐 것이다.

어떤 동물들은 종교와 마법 덕분에 우연히 살아남는다. 이스라엘 주변의 농지에서는 살지 않는 식물들이, 요르단 강 수원 근처에 위치한 성인들의 묘지인 텔 단(Tel Dan)의 안과 주위에서는 서식한다. 생물학자 마이클 J. D. 화이트(Michael J. D. White)가 모라비나이(Morabinae)라는 흥미로운 오스트레일리아 메뚜기 무리의 유전적 구성을 분석하기 시작하면서, 이 일대 묘지와 철로 주위에서만 이 곤충들이 많이 서식한다는 사실을 알게 되었다. 인도의 경우 서고츠 산맥에 사냥 채집 시대부터 있던 신성한 작은 숲은 이제 원래의 식물상과 동물상이 가장 잘 보존된 곳으로 남아 있다. 인도 최고의 생물학자이며 인디라 간디 총리로부터 과학 부문 황금 훈장을 받은 마다브 갓길(Madhav Gadgil)은 이 작은 숲이 전국 생물 보호 구역 체제의 핵 역할을 해야 한다고 추천했다.

현대의 보존 관행은 이러한 원시적인 시작에서 출발해 꾸준하게 진행되고 있지만 자연 보존의 철학적인 기반은 아직도 약하다. 현대의 보존 관행은 아직도 피상적인 수준에 머물러 있다. 그래서 우리는 쉽게 정의내릴 수 있는 도덕적 행위를 판단하는 데에 적용하는 범주의 윤리를 우리와 다른 생물의 관계에 그대로 적용한다. 이런 식의 논의는 좋은 글이 책을 팔 때 도움된다고 문학을 홍보하는 것이나, 미술이 초상화와 과학적인 삽화에 유용하다고 미술을 홍보하는 것과 거의 똑같다. 물론 그러한 홍보 방법은 잘못된 것이 아니라 깜짝 놀랄 만큼 모자란 것이다.

우리는 표면적으로 대리 친족의 역할을 하는 동물을 선호한다. 이것은 다른 형태의 생물을 키우는 가장 순진한 이유이며 야비한 사람이 아니라면 이것에 문제를 제기하지 않을 것이다. 개는 인간처럼 인사하고 복종하는 습관을 들이고 살기 때문에 특히 인기가 높다. 개는 자기를 기르는 인간 가족도 개의 무리에 속한다고 여긴다. 개는 인간을 큰 개처럼 대하며 자동적으로 제1서열에 인간을 두고, 가까이에 있고 싶다고 소리를 낸다. 우리도 개들이 쾌활하게 인사하거나, 꼬리를 흔들거나, 침을 흘리며 이를 드러내고 웃거나, 귀를 축 늘어뜨리거나, 넙죽 엎드리거나, 털을 곤두세우거나 영역 침범을 당해 시끄럽게 분노를 표시할 때 따뜻하게 대한다(이 글을 쓰는 지금도, 조깅하며 지나가는 사람에게 짖어 대는 내 코커 스패니얼(cocker spaniel)을 말릴려고 나는 글쓰기를 잠시 멈추어야 했다. 나는 별 생각 없이 개에게 "쉿! 얘야, 착하지."라고 말했다.). 개와 인간이 조화를 이루어 사는 비결은, 개가 거의 변함없이 늑대의 전통을 계승해 행동한다는 것이다. 인간처럼 개와 늑대는 육식을 즐기며 협동이 잘 되는 무리를 이루어 살며, 자기보다 크거나 빠르거나 그렇지 않으면 이례적으로 잡기 힘든 먹이를 사냥하도록 분업화된 협력 체계를 이룬다. 늑대 무리는 쥐를 비롯한 작은 동물들도 충분히 쉽게 잡을 수 있지만, 협력과 분업이라 뛰어난 수단으로 큰사슴 같은 큰 동물들도 사냥한다. 늑대는 큰사슴을 잡을 때 무리 내 다른 늑대에도 민감하게 반응해야 한다. 개(길들여진 늑대)는 항상 공동 사냥을 할 준비가 되어 있다. 개들은 사람 가족들과 함께 문 밖으로 나가 다람쥐나 토끼를 추적해 어느 정도 크게 짖고 지위를 확인하는 자세를 취한 후에 이 사냥감을 죽여서 동료들과 나눌 것이다. 개들은 쫓기지 않거나 자가용에 실려 편하게 가지 않을 때, 늑대의 원시 습관을 따라 소변을 나무줄기와 덤불(소화전과 전봇대면 충분할 것이다.)에 뿌려서 영역을 표시한다. 집에서는 개가 어린이로 변모한다. 킹 찰스 스패니얼(King Charles Spaniel)은 이 역할에 특히 맞춤으로 개량되었다. 킹 찰스 스패니얼은 다 자라도 몸집이 작고 머리가 둥글며 얼굴은 퍼그 강아지처럼, 아니 좀 더 솔직히 말하자면 아기처럼 생겨서 우리는 이 개를 주로 무릎 위에 올려 두고 기른다.

이렇게 표면적으로 인간과 대리 친족 관계를 맺고 있는 동물 때문에 우리는 뜻하지 않게 감정적인 영향을 받는다. 내가 지금까지 살면서 가졌던 다른 생명과의 만남 중에서 가장 기묘하게 불편했던 것은, 새끼 피그미침팬지 칸지(Kanzi)와 만났을 때였다. 나는 애틀랜타 외곽에 위치한 언어 연구 센터에서 일하는 수 새비지럼보(Sue Savage-Rumbaugh)의 사무실에서 그녀를 기다리다가, 젊은 여성 조련사에게 칸지가 이끌려 나오는 모습을 보았다. 나는 태어나서 처음 이 희귀한 영장류를 보았다. 나는 진화 생물학자로서 칸지에게 보통 이상의 관심을 갖고 있었다. 피그미침팬지는 보통의 침팬지와는 분명히 다른 종이다. 피그미침팬지는 자매종보다 나무에 서식하는 생활에 좀 덜 적응한 듯하며 해부학과 행동학적인 면에서 인간과 더 가깝다. 피그미침팬지는 몸에 비해 팔은 길고 다리는 짧다. 머리는 둥글고 앞머리는 튀어 나왔고 턱과 이마는 덜 튀어 나왔다. 피그미침팬지는 전체적으로, 인간의 직계 조상으로 알려진 오스트랄로피테쿠스 아파렌시스의 기준 표본인 '루시(Luci)'와 골격 구조가 놀랄 만큼 비슷하다. 피그미침팬지는 어떤 동물보다도 인간에 가깝게 생겼다. 피그미침팬지의 존재는, 적어도 500만 년 전 아프리카의 공통 진화 계통에서 인간과 침팬지의 진화 계통이 분리되었다는 여러 생물학자들의 믿음에 무게를 더한다. 성적인 행동 면에서 피그미침팬지는 인간이 아닌 다른 어떤 유인원보다도 인간과 가깝다. 암컷은 번식 주기 내내 성적으로 예민해지며, 짝짓기 중에 약 3분의 1 정도는 수컷과 얼굴을 맞대는 자세를 취한다.

피그미침팬지도 멸종 위기에 처해 있다. 야생 개체군은 자이르(Zaire, 1997년부터 콩고 민주 공화국으로 국명이 바뀌었다. — 옮긴이) 로모코 숲의 외딴 지역에서만 발견된다. 1983년 내가 이 글을 쓸 때부터 로모코 숲에서 독일의 한 벌목 회사가 벌목 작업을 시작했다. 이제 피그미침팬지 수십 마리만 우리에 갇혀서 살고 있다. 수 새비지럼보, 에이드리엔 질먼(Adrienne Zihlman), 제러미 달(Jeremy Dahl) 같은 과학자들은 멸종 위기에 처한 이 종의 지위와 독특한 중요성을 인식해, 이 종을 집중 연구했다. 나는 지구상에 존재한다고 간주되는 생물 3000만 종 중에 이 종을 가장 먼저 연구하고 보존할 만하다고 생각한다.

칸지는 사무실에 들어와서 반대편 의자에 앉아 있는 나를 발견했다. 칸지는 광분해 캥캥 짖으며 함께 있는 두 여자에게 몸짓으로 자신의 의사를 전했다. 마치 "처음 보는 사람이에요! 저 사람이 왜 여기에 있죠? 저 사람을 어떻게 할까요?"라고 외치는 듯했다. 2~3분 후에 칸지는 조용해지더니 조심스럽게 내 쪽으로 걸어와서 마치 비상 탈출 경로를 계획하듯이 한쪽에서 다른 쪽 옆으로 시선을 홱 돌렸다. 칸지가 가까이 오자 나는 왼손을 천천히 올려 손바닥을 아래로 하고 손가락을 약간 구부리며 손을 내밀었다. 나는 이렇게 하면 겸손하고 친근하게 보일 것이라고 생각했지만 칸지는 내 손을 세게 때리더니 시끄러운 소리를 내며 물러났다. 조련사가 "아, 정말 용감하구나!"라고 중얼거렸다(칸지는 용감했다.). 내 손이 좀 얼얼해진 것은 괜찮았다. 그 순간에는 나보다도 칸지가 더 편안하고 행복해야 한다고 생각했다.

조련사가 칸지에게 포도 주스 한 잔을 주자 칸지는 조련사 무릎 위로 기어 올라가서 주스를 마시고 조련사에게 안겼다. 칸지는 잠시 후 바닥으로 미끄러져 내려와 내게로 돌아왔다. 나는 이번에 수 새비지럼보에게 조언을 받아 입술을 오므리고 우-우-우-우-우 하며 플루트 소리 같은 피그미침팬지의 달래는 소리를 흉내 냈으며, 이번에는 내 얼굴에 주의를 집중하는 진실한 표정이 깃들였으리라고 믿었다. 이제 칸지가 내게 팔을 뻗어 신경질적으로 내 손을 살짝 건드리더니 약간 뒤로 물러나 나를 다시 한번 유심히 쳐다보았다. 조련사는 내게 포도 주스 한 잔을 주었다. 컵을 들어 건배를 하고 한 모금 마시는 것처럼 과장되게 행동하자 칸지가 내 무릎 위로 기어 올라와 내 컵을 빼앗아 주스를 거의 다 마셨다. 그리고 우리는 포옹했다. 그 후 사무실의 모든 사람이 칸지와 공놀이와 잡기놀이를 하며 즐거운 시간을 보냈다.

이 에피소드는 기겁할 만한 일이었다. 피그미침팬지와 친해지기란 이웃의 개와 친해지는 것처럼 쉽지는 않았다. 나는 자문해야 했다. 그것이 정말 동물이었을까? 칸지가 작별 인사도 없이 이끌려 나갔을 때 나는 내가 두 살 난 아이에게 하는 것과 거의 똑같이 칸지에게 대했다는 사실을 깨달았다. 똑같이 처음에는 불안했으며 서로 의사 소통하고 호감을 주고 싶다는 충동을 느꼈으며, 똑같이 몸짓을 하고 음식을 나눠 먹는 의식을 치렀다. 달래는 소리조차 어른이 아기를 어르는 소리와 그리 다르지 않았다. 나는 칸지가 나를 받아들였고 내가 칸지와 어울리기에 충분할 정도로 적합하게 인간적이며(이 단어가 맞나?) **예민함**을 증명했다는 점이 기뻤다.

...

우리는 다른 생물들과 문자 그대로 아주 가깝다. 침팬지와 피그미 침팬지는 최근 수백만 년 동안 인간과 가장 가까운 종으로서 특히 극단적인 사례다. 인간 유전자의 약 99퍼센트가 침팬지의 유전자와 동일하기 때문에 인간과 침팬지 사이의 모든 차이점은 나머지 1퍼센트로 결정되는 것이다(인간과 침팬지의 유전체 차이로서 98.5퍼센트라는 숫자가 오랫동안 진리로 받아들여졌지만, 최근 연구 결과 실제로는 그 차이가 더 크다고 한다. 유전체 측정 기술을 개발한 칼텍의 로이 브리튼은 사실 인간의 유전체는 침팬지의 유전체와 95퍼센트 정도 가깝다는 사실을 발견했다. - 옮긴이). 이 유전자들을 포함하는 작은 막대기 모양의 구조인 염색체들은 밀집해 있기 때문에 고해상도로 촬영하고 전문 지식을 동원해야 염색체 다수를 식별할 수 있다. 윌버포스 주교(Bishop Wilberforce)의 어두운 생각이 사실이라고 해도 무리는 아니다. 그는 조물주가 끊임없이 밤을 지새운 것은 당연하다고 생각했다. 우리는 유전적 증거를 통해 인간의 조상과 침팬지의 조상이 같기 때문에 인간과 침팬지가 해부학적으로 유사하며 두세 가지 사회적인 핵심 행동도 유사한 특징을 나타낸다고 증명했다. 우리는 최소한 두뇌와 행동 면에서, 진화적 시대의 기준으로는 그리 오래전이 아닌 현대의 인간보다 현대의 유인원과 더 유사하다. 게다가 고릴라, 오랑우탄 그리고 현존하는 유인원과 원숭이 종들(그리고 그 외의 다른 동물들)과 우리가 차이를 나타내는 것은 DNA 염기쌍 차이가 커지기 때문일 뿐이다.

인간과 생물 사이에는 계통 발생적 연속성이 있기 때문에, 유인원과 다른 생물들의 존재를 계속 인정할 수 있는 것 같다. 이것은 인간의 지위를 떨어뜨리는 것이 아니라 인간이 아닌 생물들의 지위를 높인다. 우리는 이 생물들을 마음대로 처분하기 전에 최소한 주저하는 모습을 보일 것이다. 철학자이자 동물 해방론자인 피터 싱어(Peter Singer)는 이보다 더 나아가, 우리 종 외에 감정이 있고 고통을 느끼는 모든 동물들에까지 이타성의 영역을 확장해야 한다고 주장한다. 이것은 마치 대부분의 사람들이 '지구촌 한 가족'이라는 표현을 편안하게 느낄 때까지 우리가 인류에 대한 형제애를 서서히 확장한 것과 같다. 크리스토퍼 스톤(Christopher D. Stone)은 논문 「나무도 당사자 적격을 가질 수 있는가(Should Trees Have Standings?)」에서 이 확장된 관대함의 법적인 의미를 고찰했다. 스톤은 최근까지 여성, 아동, 외국인 등 소수 집단의 일원들은 여러 사회에서 법적인 권리를 거의 혹은 전혀 행사하지 못했다고 지적했다. 그런 정책들이 한때는 무의식적으로 용인되고 일반적인 윤리에 부합한다고 생각되었지만 이제는 야만적으로 보이기까지 한다. 스톤은 왜 우리가 이것과 유사한 권리 보호를 다른 종과 환경 전체에까지 확장해서는 안 되는지 반문했다. 그래도 사람이 우선이다. 인간은 버려지지 않았다. 하지만 소유자의 권리가 정의의 독점적인 잣대가 되어서는 안 된다. 스톤은 다음과 같이 주장을 이어갔다. 사람들이 의견을 모아 환경의 특정 부분을 대신해 법률 소송을 할 수 있도록 하는 소송 절차와 판례가 나온다면, 인류 전체가 혜택을 받을 수 있다. 내가 이 개념에 동의한다고 확신할 수는 없지만 이 개념을 최소한 지금까지보다는 더 진지하게 논의해야 된다고 생각한다. 인간은 계약의 종이다. 종교적인 교리도 상호 합의의 체제에 따라 만들어진다. 소유권과 특권은 상호간에 천천히 내린 동의에 따라 결정된다. 법 이론가들은 이미 소유권과 특권의 한계, 그리고 그 너머를 연구하고 있다.

우리가 고상함을 편의주의를 넘어선 이성에 의거한 관대함이라고 정의한다면, 동물 해방은 궁극적으로 고상한 행위라고 할 수 있을 것이다. 그러나 이 주장을 혈연 관계와 법적 권리라는 단순한 테두리 안에서만 밀고 나간다면, 보존 윤리를 피상적인 수준에 머물게 만들 것이다. 이 또한 매우 위험하다. 인간은 정의와 형제애를 공언하고는 하지만, 타인을 쉽게 차별하며 비교적 사소한 이유로 시작된 전쟁에서 타인을 기꺼이 살상한다. 따라서 다른 종을 멸종시키는 구실을 찾기는 훨씬 더 쉽다. 우리는 개릿 하딘(Garrett Hardin)이 훌륭하게 설명한 인간 이타성의 첫 번째 법칙을 적용할 필요가 있다. 그 첫 번째 법칙은, 인간이 자신의 최선의 이익을 추구하기에 적합하지 않다고 보는 어떤 것도 인간에게 요구해서는 안 된다는 것이다. 보존 윤리를 실천할 수 있는 유일한 방법은 궁극적인 이기심에 호소하는 것이다. 우리의 표면적 이기심 속에 분명히 존재하는 새로운 이기심 말이다.

이 법칙의 필수 구성 요소는, 인간이 자신과 친척과 부족에게 물질적인 이득을 예상한다면 땅과 종을 열심히 보존할 것이라는 원칙이다. 경제적인 면에서만 봐도 생물 다양성은 지구의 가장 중요한 자원에 속한다. 또한 생물 다양성은 가장 적게 이용된 자원이기도 하다. 우리는 생물 종의 1퍼센트 미만만 이용해 생활했으며, 나머지 생물 종들은 평가받지 않고 우리가 손도 대지 않은 상태이다. 최근 노먼 마이어스(Norman Myers)가 추정한 결과에 따르면, 역사 속에서 사람들은 밀, 호밀, 옥수수와 다른 토지에 잘 적응한 10여 종 등 약 7,000종의 식물을 식량으로 이용했다. 그러나 먹을 수 있는 종은 최소한 7만 5000종에 달하며, 이중 다수는 현재 농작물로 이용되는 종들보다 낫다. 피상적인 윤리에서 나온 이 모든 주장 중에 가장 강력한 것은, 아직 실현되지 않은 잠재력에 대한 논리적인 결론이다. 즉 우리가 생물 세계를 더 많이 답사하고 이용할수록, 경제적으로 이용하기 위해 선택한 특정 종의 유용성과 신뢰도는 더 높아질 것이다. 앞으로 인기를 얻을 종에는 다음과 같은 것들이 있다.

- 뉴기니의 날개콩(winged bean, *Psophocarpus tetragonolobus*)은 이전부터 '종 슈퍼마켓'이라고 불렸다. 날개콩은 카사바와 감자보다 단백질을 더 많이 함유하고 있으며 전체적으로 영양가가 대두와 맞먹는다. 또 어떤 식물보다도 더 빨리 자라는 날개콩은 2~3주 안에 4.5미터까지 자란다. 덩이줄기, 씨앗, 잎, 꽃, 줄기 등 식물 전체를 날것으로 또는 가루로 만

들어 먹을 수 있다. 날개콩에서 추출한 액체로는 커피 같은 음료도 만들 수 있다. 이 종은 이미 열대의 50개 국가에서 식단을 개선하는 데에 쓰이고 있으며, 스리랑카에서 구성된 특별 학회는 이 종을 좀 더 철저하게 연구하며 홍보하고 있다.

• 열대 아시아의 동아(wax gourd, *Benincasa hispida*)는 나흘 동안 세 시간에 2.5센티미터씩 자라서 매년 여러 차례 경작할 수 있다. 동아 과실은 크기가 폭 30센티미터 길이 1미터 80센티미터이며 무게는 36킬로그램까지 나간다. 파삭파삭하고 하얀 과육은 익은 정도에 상관 없이 채소처럼 익혀 먹거나 수프의 맛을 내거나, 시럽과 섞어 디저트로 먹는다.

• 바부사야자나무(Babussa palm, *Orbigyna martiana*)는 아마존 열대 우림에 서식하는 야생 나무로서, 현지에서는 '채소 소'라고 불린다. 작은 코코넛처럼 생긴 열매가 600개씩 함께 달려 91킬로그램이나 나간다. 열매의 심 중 약 70퍼센트인 무색의 기름은 마가린, 쇼트닝, 지방산, 화장비누, 세제를 만드는 데 쓰인다. 열대 우림 1헥타르에서 자라는 이 나무 500그루로부터 연간 기름 125배럴을 얻을 수 있다. 기름을 추출한 후에 남는 찌끼의 성분 중에 4분의 1인 단백질은 동물 사료로 이용되기에 적합하다.

생물학자들의 논문에서 이런 후보 생물들의 목록을 볼 수 있을 것이다. 야생 동식물 다수는 분명히 아직도 발견되지 않았으며, 대다수는 경제적인 잠재력이 크다고 추측할 만큼도 알려지지 않았다. 각 종이 어떻게 쓰일 수 있는지 하나하나 전부 생각해 볼 수도 없다. 천연 감미료의 경우를 생각해 보자. 여러 식물에서 나오는 화학 물질이 열량이 아주 낮고 부작용이 없는 것으로 확인되었다. 수크로오스보다 1,600배나 당도가 높은 단백질 두 가지를 함유한 서아프리카 숲의 카템페(Katemfe, *Thaumatococcus danielli*)는 영국과 일본 시장에서 팔리고 있다. 하지만 역시 서아프리카의 토착종이며, 뜻밖에 발견된 과실이라는 뜻의 이름에 잘 맞는 세렌디퍼티 베리(serendipity berry, *Diosoreophyllum cumminsii*)의 경우는 과실이 수크로오스보다 3,000배나 당도가 높은 물질을 함유해 카템페의 당도를 능가한다.

천연 물질은 제약 업계에서는 '잠자는 거인'이라고 불린다. 식물 10종 중에 1종은 항암 작용을 하는 화합물을 함유하고 있다. 지금까지 식물에서 천연 물질을 추출한 작업 중에 가장 탁월한 성공 사례는 서인도제도에서 토착종인 로지 페리윙클(Rosy Periwinkle)을 연구한 것이다. 로지 페리윙클은 과거 소수 종이었던 식물로, 꽃잎이 다섯 장인 예쁜 꽃을 피우지만 보기에는 평범해 보이며 길가에서 자라는, 눈에 띄지 않는 종자 식물이다. 이 식물은 우리가 모르는 사이에 사탕수수 농장이나 주차장 때문에 멸종될 수도 있었다. 그러나 로지 페리윙클은 급성 림프구성 백혈병 증상의 99퍼센트를 치유하고 림프계의 암인 호지킨병 증상의 80퍼센트를 치유하는, 빈크리스틴(vincristine)과 빈블라스틴(vinblastine)이라는 두 종류의 알칼로이드를 함유하고 있다. 1980년 이 두 가지 약품의 연간 판매액은 1억 달러에 달했다.

의료계에 돌파구를 마련한 두 번째 야생종은 인도사목(Indian

Serpentine Root, *Rauwolfia serpentina*)이다. 인도사목은 레세핀을 함유하고 있다. 레세핀은 고혈압뿐만 아니라 정신 분열증을 완화하는 데 사용되는 정신 안정제의 주요 성분이다. 고혈압의 일반적인 증상 때문에 고혈압 환자들은 뇌졸중, 심장병, 신장병 등에 걸리기 쉽다.

동식물의 천연 물질은 문자 그대로 선택된 존재이다. 이 천연 물질들은 동식물이 수많은 세대를 거쳐 진화하면서 생성한 방어 기작과 성장 조절 장치를 함유하고 있다. 그동안 가장 잠재력이 큰 화학 물질을 함유한 생물만 현재까지 살아남았다. 가짜 약과 값싼 대체물은 초기 단계에서 제거되었다. 자연은 우리에게 많은 도움을 주었다. 의학 연구자들이 실험실에서 무작위로 화학 물질을 쓰는 것보다 생물 조직의 추출물로 실험하는 것이 훨씬 더 효율적이었다. 화학과 의학의 기본 원리로부터 만들어진 약품은 별로 없다. 대부분의 약품이 야생 종 연구에 기원을 두고 있고, 여러 가지 천연 물질을 신속하게 선별한 끝에 발견되었다.

같은 이유로 천연 자원을 이용하는 기술의 발전은 공업과 농업의 여러 분야에서도 이루어졌다. 가장 중요한 사례를 들자면 다음과 같다. 사람들은 석유를 대체할 새로운 식물 연료 파이톨리움(phytoleum)을 개발했으며, 이전에 가능하다고 생각했던 것보다 훨씬 경제적으로 자원을 무제한적으로 재생해 왁스와 기름을 생산했고, 종이 제조에 사용되는 신종 섬유를 개발했으며, 대나무나 부들 등 빨리 자라 집을 짓기에 경제적인 규산 식물을 재배했으며, 질소 고정과 토양 개간을 더 잘

하는 방법을 고안했고, 미생물과 기생충을 놓아 다른 생태계에 위험을 주지 않으면서 목표 종을 찾아 공격하는 해충 박멸책을 마련했다. 우리가 아무리 신중하게 추정해 보아도, 계속 충분한 연구 노력을 해야만 천연 자원을 더 많이 발견할 수 있다는 점을 알 수 있을 뿐이다.

게다가 자유롭게 자라는 종을 직접 수확하는 것은 시작일 뿐이다. 우리가 선호하는 생물을 10~100세대 정도 번식시켜야 우리가 바라는 천연 물질의 질을 높이고 양을 늘릴 수 있다. 대량 생산에 필요한 새로운 기후와 특별한 환경에 맞는 변종을 만들 수도 있다. 이 변종을 구성하는 유전 물질은 부가적인 미래의 자원이다. 이 유전 물질은 유전자 하나씩으로 분리되어 다른 종에 분배될 수 있다. 화학 생태학의 선구자 토마스 아이스너(Thomas Eisner)는 야생 생물을 이용하는 두 단계를 설명하기 위해 놀라운 유추를 사용했다. 우리는 100만 개의 종 각각을 도서관의 책 한 권씩이라고 상상해 볼 수 있다. 이것은 어디에서 비롯되었든지 어느 곳에나 이전해 이용할 수 있다. 원래 상태가 얼마나 희귀했느냐에 상관없이 여러 차례 복사해 무제한적으로 풍부하게 퍼뜨릴 수 있다. 페루 안데스 산맥의 외딴 계곡에 마지막 100개체만 남은 난초가 의약품 알칼로이드의 재료이기도 한 경우, 우리가 이 난초를 구해서 재배해 전 세계의 정원과 온실의 중요한 작물로 바꿀 수 있다. 우리는 여기서 알칼로이드 등의 유용한 물질을 풍부하게 추출할 수 있을 것이다. 유전자는 전통적인 책이 아니라 페이지를 마음대로 뺐다 끼웠다 할 수 있는 공책과 같아서, 특정한 유전자를 분리해 낼 수 있다. 생물학자들은 새로운 유전 공학 기술로, 곧 우리가 갖고 싶은 유전자를 한 종이나 변종에서 분리해 다른 종이나 변종에 심을 수 있다. 예를 들면 아주 해로운 질병에 생화학적 저항성을 보이는 야생종의 유전자를, 유용한 식용 식물에 옮겨 넣을 수 있다. 그 결과 우리는 사막에서 이 식물을 재배하거나, 더 오랫동안 키울 수 있게 될 것이다.

최근 멕시코 남서부 숲에서 발견된 원시 옥수수 형태의 테오신트 (*Zea diploperennis*)가 적절한 사례이다. 테오신트는 아직도 전체 넓이 4헥타르에 불과한 세 군데의 땅에서만 자라고 있다고 한다(언제라도 불도저 한 대만 동원하면 테오신트 종 전체를 몇 시간 안에 쉽게 멸종시킬 수 있다.). 테오신트는 다년생 생장 유전자를 보유하고 있다는 점에서 기존의 옥수수와는 구분된다. 이런 유전적 특징의 잠재적 요소 때문에 생장 시간과 노동 비용을 줄일 수 있어서, 생태학적으로 한계가 있는 지역에서도 재배가 가능하다.

국민들에게도 아직 알려지지 않은 독특한 종과 유전적 변종이 없는 나라는 이 지구상에 거의 없다. 이런 발견되지 않은 생물을 수출해 수익을 올리지 못할 국가는 없다. 이런 사실을 생각하면서 생물 세계 탐구에 대한 관심이 이렇게 적은 것에 놀란다. 초기 현장 조사, 분류학, 생태학, 생물 지리학, 비교 생화학을 포함해 진화 생물학이라고 집합적으로 불리는 학문 분야는 아직도 과학 분야 중에 가장 지원이 적다. 1980년에 대다수의 생물이 사는 열대 지방에서 이런 연구를 하는 데 전 세계가 들인 비용은 3000만 달러였다. 이 정도 비용은 F-15 이글 전폭기 두 대 가격보다 적은 것으로서, 미국 보건 관련 연구 보조금의 약 1퍼센트이며, 뉴욕 시민 전체가 2~3주 동안 마시는 술 값에 불과하다.

　전통적인 윤리 논쟁은 잠시 미뤄 두자. 정부가 자국의 생물 자원 연구에 더 투자하면 대부분의 정부에 경제적으로 직접적인 도움이 될 것이다. 진화 생물학 연구는 대체로 빈곤한 국가에서 진행되기 때문에, 진화 생물학 연구는 이런 국가의 수익을 점점 늘려 줄 수 있다. 신중하게 돈을 쓴다면 상대적으로 큰 이익을 창출할 것이다. 그 이유는, 아직까지 진화 생물학 연구 활동이 제대로 이루어지지 않았기 때문에 그 연구와 관련된 시장이 대체로 비어 있기 때문이다. 국립 연구 기관의 기반이 되어야 할 박물관들 모두 인원이 부족하다. 박물관 과학자들의 주요 업무인 분류학은 지원 부족 때문에 쇠퇴하고 있다. 과학계에서는 분류학의 연구 가치를 높이 평가하고 있기 때문에 이러한 무관심은 더욱 당혹스럽다. 어떤 과학자라도 앞으로 계속될 연구를 위해 한 생물을 동정(同定)하려고 하면 오랫동안 기다려야 한다는 사실을 알 것이다. 그 연구가 경제적으로 상당한 잠재력을 지니고 있을 때에도 연구가 수차례 지연되고 데이터가 불충분해 위태로울 때가 많다.

　종의 다양성은 매우 광대하기 때문에 생물 세계를 설명하는 린네의 명명 체계는 현대 과학의 한 부분으로 계속 남아 있을 수밖에 없다. 생물들이 분류되면, 우리(과학자들과 각 국가와 세계)는 박물관에 보다 나은 연구원들을 추가 배치할 수 있을 뿐만 아니라 해당 생물을 광범위하게 연구하는 연구소로부터 연구 결과를 얻을 수 있다. 이전에 알려지지 않은 종이 경제적, 의학적 잠재성 때문에 연구소에서 선별될 수 있고 그 종의 생태학적, 생리학적 특징에 관한 연구도 이루어질 것이다. 또 우리는 연구소가 축적한 데이터를 통해 종이 출현하고 멸종한 복잡한 과정을 파악하고 보존 관행을 이끄는 데 필요한 정보를 얻을 수 있을 것이다.

이러한 수준 높은 연구소들은 현재 몇 군데에만 존재한다. 이런 연구소로는 브라질의 아마조니아 국립 연구소(National Institute for Research on Amazonia), 매사추세츠 주 우즈 홀(Woods Hole)의 해양 생물학 연구소(Marine Biological Laboratory), 파나마의 스미스소니언 열대 연구소(Smithsonian Tropical Research Institute)가 있다. 그러나 이런 선구적인 기관들의 능력을 총동원한다고 해도 전 세계 동물들 중 극히 일부만 다룰 수 있을 뿐이다. 지금 가장 시급한 과제는 현존하는 종의 90퍼센트를 차지하는 열대 지방에서 연구 역량을 키우는 것이다.

그리고 내가 알고 있는 것을 많은 생물학자들도 알고 있다는 낙관론을 덧붙이고 싶다. 천연 자원 탐구는 특히 열대 지방에 위치한 개발도상국에서 가장 쉽게 정당화될 수 있는 종류의 연구이다. 또한 개발도상국들이 가장 쉽게 할 수 있는 연구이기도 하다. 이 국가들이 그런 연구를 하기 위해서 때로는 가속 장치, 인공 위성, 질량 분석기 등 대단한 과학 장비가 필요하기도 하지만 이런 장비는 선진국과 협조해 빌릴 수 있다. 경제 발전이 뒤처진 국가들에는 야생 지역에 원정을 가고 표본을 채집하고 준비하며 유망한 변종을 재배하고 생물과 가까운 곳에서 오랜 시간 관찰해 생물의 성장과 행동을 이해할 수 있는, 아주 노련하거나 어느 정도 노련한 일꾼들이 있기 때문에, 오히려 이런 국가들이 천연 자원 탐구를 더 잘 할 수 있다. 이런 과학 분야는 노동 집약적이며, 스스로를 위해 땅과 생물을 사랑하는 사람들이 이 분야에 가장 적합하다. 또 이런 연구 결과는 전 세계적으로 인정을 받을 것이며 국가적인 자부심의 근원이 될 것이다.

에콰도르 생물학이나 케냐 생물학이 있을 수 있을까? 가능하다. 토착 생물의 특이성에 초점을 맞춘다면 그럴 수 있다. 이런 노력이 국제 과학계에서 중요시할까? 그렇다. 진화 생물학은 전 지구적 패턴을 이루는 특정 사례를 연구하기 때문이다. 하지만 현지 동식물상의 역사를 모른다면 에콰도르 생물학이나 케냐 생물학은 성립되지 않는다. 생화학부터 생태학까지 모든 생물학이 진화와 그 결과의 특이성에 더 초점을 맞추는 방향으로 발전하고 있다는 점만은 분명한 사실이다.

결국 지금 당장 자연 보호 구역을 선정해서 보호하지 않는다면 우리 후손들은 보호할 것이 하나도 없을 것이다. 최근 브라질, 코스타리카, 스리랑카 등지에서 생물 다양성을 최대한 보호하기 위해 토지 구획을 정하고 자연 보호 구역으로 선정하는 선구적인 노력을 시작했다. 그렇게 보호받지 않는다면 매년 수백 종이 린네의 이명법 체계로 그 존재가 기록되지도 못한 채 계속 사라질 것이다. 각 종에는 수백만 가지의 유전 정보와 아주 오랜 역사가 있다. 이 종들이 사라지면 인류가 누릴 수 있었던 혜택은 영원히 알 수 없을 것이다.

...

요약하면 피상적인 보존 윤리의 주요 구성 요소는, 건강한 환경, 친족 관계의 온기, 올바른 것이라고 보이는 윤리적 구속물, 확실한 경제적 이득, 마음을 흔드는 향수와 정서이다. 이 모든 요소를 통해 대부분의 사람들은 생물 다양성을 보존해야 한다고 생각하게 된다. 하지만 이것만으로는 결코 충분하지 않다. 매 순간 멸종하도록 방치된 모든 종은 생태계라는 톱니바퀴에서 미끄러져 나와 모두에게 돌이킬 수 없는 손실을 일으킨다. 이제 새롭고 더 강력한 윤리를 만들어 생물 다양성 보호의 동기가 어디에서 비롯되었는지 살펴보고, 왜, 어떤 환경에서 어떤 경우에 우리가 생물을 소중히 하고 보호하는지 이해해야 할 때다. 심오한 보존 윤리의 근본적인 요소는 '생명 사랑'이라고 잠정적으로 분류된 우리 마음속의 학습 편향과 충동이다. 뱀에 대한 경외감과 사바나 사냥꾼에 느끼는 매혹감은 분명 여기서 기인했을 것이다. 우리 마음은 가만히 두면 이 경향에 따라 자연스럽게 생명에 이끌린다. 그리고 마음이 움직일 때, 그리고 일생 동안 하는 수많은 선택에서 방향을 정할 때, 마음은 장구한 진화의 역사가 우리 유전자 속에 새겨 넣은 명령을 충실하게 따른다.

나는 우리가 다른 생물들과 친밀한 관계를 맺는 특별한 방법 때문에 인간적일 수 있다고 이 책에서 주장했다. 이 특별한 방법은 인간의 마음이 뿌리를 내린 기반이며, 이 기반을 토대로 인간은 선천적으로 도전과 자유를 추구한다. 각자가 자연주의자처럼 느낄 수 있는 한도까지, 자유로운 세계에 대한 오래전의 흥분을 다시 얻을 것이다. 나는 이

것을 시와 신화의 활기를 북돋워 다시 매력적인 상태로 만드는 공식이라고 생각한다. 신비하고 잘 알려지지 않은 생물은 우리가 앉은 곳에서 걸어서 갈 수 있는 거리에 살고 있다. 그곳에서 미세하지만 화려한 광경이 펼쳐진다.

그렇다면 왜 이 보존 윤리에 대한 저항이 존재할까? 보존 윤리에 반대하는 사람들은, 사람이 먼저라고 주장한다. 그들은 사람의 문제가 해결된 뒤에야 자연 환경을 향유할 수 있다고 말한다. 이것이 정말 대답이라면 질문을 잘못한 것이다. 중요성의 질문은 목적에 관한 것이다. 실질적인 문제를 해결하는 것은 수단이지 목적이 아니다. 인간 본성에 기술과 정치의 난제를 해결하는 힘이 있다고 가정해 보자. 우리가 핵전쟁을 피할 수 있고 식량과 에너지를 계속해서 공급할 수 있다고 상상해 보자. 그다음은 무엇일까? 그 답은 전 세계에서 똑같다. 개인들은 개인의 성취를 향해 노력할 것이며 결국 자신의 잠재력을 깨닫게 될 것이다. 하지만 성취는 무엇이며 인간의 잠재력은 어떤 목적으로 진화했을까?

사실 우리는 한번도 세계를 정복한 적이 없었으며 세계를 이해한 적도 없었다. 우리가 세계를 지배한다고 생각할 뿐이다. 우리가 왜 특정한 방법으로 다른 생물들에게 반응하며, 왜 생물들이 다양하게 필요한지 우리는 그렇게 깊이 알지도 못한다. 인간들끼리 서로 죽이고 환경을 파괴하는 행위에 대한 가장 보편적인 신화는 진부하며 믿을 만하지 못하고 파괴적이다. 마음 자체를 생존의 기구라고 이해할수록, 순수하게 이성적인 이유로 생물에 더욱 경의를 표하게 될 것이다.

자연 철학은 인간의 존재에 대한 다음의 역설을 분명하게 드러냈다. 끊임없는 확장 또는 개인적인 자유를 향한 충동은 인간 정신의 기본이다. 그러나 이것을 유지하기 위해서는 생물 세계의 성실한 관리자가 되어야 한다. 확장과 관리는 처음에는 서로 모순되는 목표처럼 보일지 모르지만 그렇지 않다. 보존 윤리의 깊이는 확장과 관리 중 하나가 자연에 접근하는 방법이 다른 하나를 재형성하고 강화하는 데에 쓰이는 정도에 따라 가늠될 것이다. 이 역설은, 내가 인간 정신의 보호라는 뜻에서 쓴 궁극적인 생존에 더 적합한 형태로 역설의 전제를 바꿈으로써 해소될 수 있다.

수리남

 불멸의 수리남. 내가 오랫동안 간직한 이 땅의 이미지는 여러 가지 꿈과 소년 시절에 처음 떠난 모험을 상징했다. 수리남은 모든 자연주의자의 고향이며, 영원하고 보다 완벽에 가까운 형태로 개인적인 믿음이 언젠가 회복될 조용한 은신처이다. 그래서 마지막으로 수리남의 이미지로 돌아가기 전에 이 특정한 장소의 실체를 설명하기로 한다.
 수리남은 해안에 비옥한 평야가 펼쳐져 있고 내륙에는 황무지가 있으며 세계에서 가장 풍부한 삼림 자원을 자랑하는 주권 국가이다. 또 수리남은 남아메리카의 다른 국가 대부분에서보다 훨씬 더 쉽게 다양한 신열대구 조류 종들을 볼 수 있어서 조류학자들의 천국이라고 불릴 때도 많다. 파라마리보의 도시 경계선 안의 야자수에 떼 지어 있는 앵무새들을 볼 수 있다. 벌새와 장식새 100여 종이 꽃이 피어 있는 근처 숲의 수관을 스치듯 날아간다. 남쪽으로 잠깐 자동차나 배를 타고 가면 과너류(guans), 티나무스류(tinamus), 무희새류(manakins), 종꿀빨기새류(bellbirds), 개미지빠귀(ant-thrushes), 왕부리(toucans)를 볼 수 있을 것이며, 아마 원숭이와 나무늘보를 먹는 대형 포식 동물이자 나무 위의 에너지 피라미드의 정점에 해당되는 부채머리독수리도 볼 수 있을 것이다. 조류 동물상이 온전하게 남아 있을 때 나머지 동물상과 식물상도 온전히 남아 있다는 것이 일반적인 규칙이다. 수리남 내륙은 최소한 1만 년 전쯤에 첫 원주민 개척자들이 파나마 육교를 지나 걸어왔을 때와 마찬가지로 지금도 열대 아메리카에 속한다.

- 위치: 남아메리카 북부 해안. 동쪽으로 프랑스령 기아나, 서쪽으로 가이아나, 남쪽으로 브라질과 국경을 접하고 있다.
- 인구: 35만 명. 대부분 해안, 특히 파라마리보와 그 주위에 집중되어 있다.
- 농업: 대체로 성공적. 주요 수출 작물인 쌀을 비롯한 여러 작물을 경작.
- 공업: 남아메리카 최대의 수력 발전소가 브로코폰도 댐에 있다. 이 수력 발전소는 생산성이 높은 보크사이트 공장에 사용되는 엄청난 동력을 공급한다. 보크사이트 공장은 아직도 대부분 외국 기업이 소유하고 있다.
- 국민성: 수리남 국민들은 예의바르고 친절하다. 이런 국민성도 관광 사업을 발전시킬 수 있는 경제 자원이라고 할 수 있다.

- 언어: 수리남에서는 네덜란드 어나 영어가 거의 어디에서나 통용되지만 고유의 크리올 방언인 타키타키(Takki-Takki) 때문에 애를 먹는 관광객들이 보이면 수리남 인들은 특히 따뜻하게 대해 준다.
- 기후: 찌는 듯이 덥다.
- 교육: 가치를 인정받으며 개선되는 중이다.
- 도로: 거의 없다.
- 경제: 수리남은 1975년에 네덜란드로부터 독립했고 네덜란드는 15년 동안 매년 1억 달러씩 원조하기로 약속했다. 1982년 수리남의 1인당 국민 소득은 2,500달러로서 개발 도상국 중에서는 가장 높은 편이었다(1982년 한국의 1인당 국민 소득은 1,847달러였다. 통계청 인터넷 홈페이지 참고 — 옮긴이). 수리남 국민 세 명 중 한 명은 자동차를 소유했으며, 가정마다 냉장고와 텔레비전을 갖추었다. 이 작은 나라의 미래는 장기적으로 밝은 것 같다. 이 나라는 자원이 풍부하며 인구는 적다. 또 식민 통치가 끝난 여느 제3세계 국가와는 달리 수리남은 식민 통치가 끝난 후 유예기간을 얻었다.

베른하르츠도르프는 1961년에 내가 방문한 이후 현저하게 변했다. 베른하르츠도르프는 결국 파라마리보와 레이리도르프(Lelydorp)에서 시작된 인구 확산으로 인해, 작은 아라와크 족 부락이던 곳이 자바 인, 중국인, 아메리카 원주민, 크리올 등 약 500개 민족이 거주하는, 수리남의 민족 소우주로 성장했다. 현재 이곳은 전형적인 열대 지방 농촌이다. 초가집보다는 이제 널빤지 벽에 금속판 지붕을 얹고 맨 밑에 말

뚝을 박아 만든 방 한 칸 혹은 두 칸의 판에 박힌 비슷비슷한 주거지가 더 많아졌다. 하수도 배수구가 교차해 지나는 푸르게 우거진 목초지와 정원에서는 채소, 유제품, 가금류가 많이 생산되어 주민들이 쓰고 근처 시장에서 팔기도 한다. 마을 중심의 주요 비포장 도로 옆에는 중국인 가족이 운영하는 작은 가게가 있다. 누군가 코카콜라 간판과, 군복을 입고 무장한 아라와크 전사 두 명의 그림이 그려진 게시판을 세웠다. 그림 속 전사들은 범선, 별, 야자수가 그려진 둥근 방패를 들고 있으며, 전사들 아래로는 펄럭이는 두루마기 위에 "유스티티아, 피에타스, 피데스(Justitia, Pietas, Fides, 유스티티아: 정의의 여신, 피에타스: 신격이나 외경의 여신, 피데스: 신앙, 신의의 여신 — 옮긴이)"라는 표어가 씌어 있다. 불도저가 들어와 숲은 대부분 개간되었으며 재생림 가장자리의 수풀과 야자수가 드문드문 남아 있다. 또 지면과 수평인 가지 아래쪽에 큰매달린둥지새류(oropendola)의 눈물 모양의 둥지가 군대 행렬 형태로 달려 있는 키 큰 나무 한 그루가 남아 있다. 이 마을은 아직 내가 찾을 수 있는 어떤 지도에도 오르지 않았다. 포장된 레이리도르프-잔더레이 도로의 분기점에 신중하게 쓴 표지판은 자랑스럽게 그 존재를 나타낸다. **베른하르츠도르프**.

이 모든 청사진이 1980년에 야만의 출현으로 어두워졌다. 민주적으로 선출된 헨크 아론 정부는 혁명 지도자 데시 보우테르세(Desi Bouterse)에 의해 무너졌다. 보우테르세는 교육을 별로 받지 못한 군 체력 단련 교관 출신이었다. 보우테르세는 처음에는 사회주의를 의심했지만 스승과 정부(情婦)로부터 마르크스-레닌주의를 배워 좌파로 기울었고 피델 카스트로와 소련의 환심을 사기 시작했다. 1982년 12월 보우테르세는 사전 경고 없이 변호사, 언론인, 노조 지도자 등을 포함한 지도층 시민 15명을 체포해 처형하라고 지시했다. 그 다음 날 이중 한 명을 제외한 모두가 처형되었다. 과거 지도층의 주요 인물들이 숙청되어, 이미 수만 명이 망명한 데 이어 시민 수백 명이 망명하고 나자 보우테르세는 "새로운 수리남 건설"을 선언했다.

 내가 이 글을 쓰는 지금 수리남은 침묵과 공포의 국가이다. 수입이 괜찮았던 관광 산업은 끝장났고, 네덜란드와 미국의 원조도 중단되었으며, 실업률은 상승하고 있고, 한때 상당했던 외화 준비금은 급속도로 바닥을 향해 가고 있다. 국립 대학교는 폐교되었으며 주요 라디오 방송국과 노조 본부는 방화되거나 폭파되었다. 사복 경찰은 시민을 무작위로 체포해 심문한다. 국민들은 곳곳에 있다는 밀고자가 두려워서 정부에 대해서는 거의 말하지 않는다. 한 망명자의 말에 따르면 수리남은 "벙어리의 나라"가 되었다. 두려움에 떨며 편집증 증세를 보이는 통치자는 물론이고 수리남 국민들도 공포에 휩싸여 있다. 미국이 비밀리에 수리남 군사 쿠데타를 지원해 보우테르세를 전복시킬 계획이라는 소문이 돌고 있다. 물론 미국은 그 소문을 부인했다. 수리남은 좌파 쿠데타가 일어날 것을 우려해 쿠바 대사를 추방하는 등 쿠바에 등을 돌렸다. 이에 비해 브라질은 보우테르세 정권과 좀 더 교류하고 싶다는 의사를 밝히며 보우테르세 정권과 교류를 늘리려고 애썼다. 모두 기록된 역사만큼 오래된 문제와 씨름하고 있다. 칼리반(Caliban) 왕국을 어떻게 다루느냐가 문제인 것이다(칼리반은 셰익스피어의 희곡 『템페스트』의 등장인물로서 어리석은 흑인 원주민이다. — 옮긴이).

이러한 문제에서 어느 정도 마음의 여유를 찾는 방법이 있다. 보우테르세 에피소드의 대단원이 어떻게 되든 간에 수리남이라는 국가의 비극은 수리남의 궁극적인 역사 중에는 일순간에 불과하다. 수리남 국민들은 살아남아, 생태적, 진화적 변화를 겪을 것이며, 그동안 일대기와 정치적인 사건은 순환하고 서서히 점차적으로 줄어들 것이다(네덜란드와 미국이 원조를 중단한 후 수리남의 경제는 쇠퇴하고 부시니그로 게릴라들의 반란이 빈번하게 일어나면서 정부의 권위와 법 집행의 유효성 등이 상실되기 시작했다. 1987년에 유권자의 압도적인 지지로 새 헌법이 제정되었으며, 1988년 국민의 대부분을 차지하는 자바 인, 크리올, 아메리카 인디언으로 이루어진 3당 연합의 일치된 노력으로 민간인 대통령이 취임했다. 그러나 1990년 12월 다시 군사령관이 쿠데타를 일으켜 국제 사회의 비난을 받았다. 그 결과 1991년 5월 실시된 총선에서 구여당 및 일부 야당 연합체인 4당 연합이 승리했으며 9월 뉴프런트당(NF)의 루날도 로날드 베네티안(Runaldo Ronald Venetian)이 대통령에 취임했다. 1996년 5월 선거에서 국민민주당(NDP)의 부총재 바이덴보시는 국민 연합단 결당(kTPI), 진보력 신당(VHP), 재건 민주당(BVD) 및 군소 정당과 연정을 구성하여 총의석 51석 중 29석을 유지하여 루날도 로날드 베네티안을 누르고 대통령에 선출되었다. 그러나 연정에 참여했던 소속 의원 3명이 1997년 8월 소속 정당의 각료 해임에 불만을 품고 연정에서 탈퇴하여 바이덴보시의 연정 체제를 어렵게 했다. 바이덴보시는 연정 체제를 유지하려고 노력했으나 보우테르세(당시 총재)의 불법 마약 거래로 인하여 정국이 불안해졌고 1999년 5월에는 인플레이션과 생활고에 불만을 품은 시민들의 시위가 수도 중심부에서 발생했다. 이에 따라 의회는 대통령 퇴진과 조기 선거 실시 결의안을 가결했으나 바이덴보시는 사임을 거부하고 2001년으로 예정되어 있던 총선을 1년 앞당겨 2000년 5월 실시하자고 제안했다. 2000년 5월 실시된 총선에서 야당인 뉴프런트당이 51석 중 33석을 차지했고 8월에는 국회에서 루날도 로날드 베네티안이 바이덴보시를 누르고 다시 대통령으로 선출되었다. 베네티안 대통령은 2005년 8월 재선에 성공하여 지금까지 대통령직을 이어 가고 있다. — 옮긴이).

인간이 빠르게 변하며 권력이 무상하다는 점은 스토아학파의 철학자이기도 했던 현제(賢帝) 마르쿠스 아우렐리우스(Marcus Aurelius, 121-180년)의 글에 잘 남아 있다. 아우렐리우스는 모든 것이 더 큰 단계에서 설득력 있는 권위를 얻을 만큼 충분히 시간을 뒤로 돌려 보았다. 그는 거리를 두고 보며, 찬양을 받는 인간과 찬양하는 인간 모두 잠깐 동안 존재하다 사라진다는 점을 관찰하고 "이 모든 것 또한 이 대륙의 좁은 구석에 있을 뿐이며 모두 일치하지도 않으며, 어느 한 사람도 자신과 일치하지 않는다."라고 말했다.

남들이 칭찬하려는 사람들, 그들이 추구하는 것들, 또 그렇게 하기 위한 수단들, 이 모두가 어떤가 생각해 보라! 시간은 얼마나 빨리 이 모두를 덮어 버리는가! 또한 시간은 얼마나 많은 것을 이미 덮어 버렸는가!

나는 마르쿠스 아우렐리우스에게 묻고 싶다. 가치처럼 비극이 시간의 척도에 달려 있다는 데에 동의하는가? 당신이 20세기의 철학자 왕이 되어 지혜를 찾아 새로운 이오니아(Ionia, 소아시아 서쪽 지중해 연안 및 에게 해에

접한 지방의 옛 이름. 이오니아의 밀레투스를 중심으로 발전한 이오니아학파는 고대 그리스 문화 형성에 크게 이바지했다. — 옮긴이)로 배를 타고 온다면, 자연 보존을 시작하겠는가? 인간이 생물을 살릴 만큼 생물을 사랑할 수 있을까?

나는 베른하르츠도르프를 특별한 장소, 원대한 꿈으로 들어가는 문으로 기억한다. 영원한 수리남, 고요한 수리남, 분석을 기다리고 있는 살아 있는 보물은 남쪽으로 뻗어 있다. 나는 수리남이 계속 온전하게 보존되고 최소한 100만 년 역사가 해석될 수는 있어야 한다고 생각한다. 현재의 윤리 기준으로 볼 때 수리남의 그런 가치는 아마 절박한 일상생활에 대한 우려보다는 상당히 낮은 것으로 평가 절하될 것 같다. 그러나 나는 생물학적 지식이 늘어나면 윤리가 근본적으로 바뀔 것이라고 생각한다. 모든 곳에서 바로 그런 지식을 다루어야 하기 때문에, 우리는 한 국가의 동식물상을 국가의 예술이나 언어와 마찬가지로, 국가 유산의 일부로서 중요하게 생각하게 될 것이다. 또 우리가 인간을 정의할 때 언제나 성취와 익살을 눈부시게 합쳐서 중요하게 생각하듯이, 동식물상도 국가 유산의 일부로서 중요하게 생각하게 될 것이다.

참고 문헌

제사(題詞)

- "Soft, to Your Place"는 토머스 킨셀라(Thomas Kinsella)의 *Selected Poems, 1956-1968* (Doublin: Dolmen Press, 1973)에 실려 있다.

글을 시작하며

- 나는 1979년 1월 14일자 《뉴욕 타임스》 43쪽 서평에서 '생명 사랑(biophilia)'이라는 용어를 제목으로 처음 사용했다.

베른하르츠도르프

- Leo Marx, *The Machine in the Garden: Technology and the Pastoral Ideal in America*(New York: Oxford University Press, 1964)
- Yi-Fu Tuan, *Topophilia: A Study of Environmental Perception, Attitudes, and Values*(Englewood Cliffs: Prentice-Hall, 1974)
- 최근 E. Jane Robb와 G.L. Barron이 "Nature's Ballistic Missile", *Science*, 218:1221-

1222(1982)에 난균류 합토글로사 미라빌리스(*Haptoglossa mirabilis*)의 뚜렷한 공격 기작을 상세하게 밝혔다.

- 토양 생물의 조밀도는 John A, Wallwork, *The Distribution and Diversity of Soil Fauna*(New York: Academic Press, 1976)와 Peter H, Raven, Ray F. Evert, Helena Curtis, *Biology of Plants*, 3rd ed.(New York: Worth Publishers, 1981)에서 제시한 추정에 토대를 두었다.

- 여러 생물 종류의 뉴클레오티드 쌍에 대한 숫자 추정은, Ralph Hinegardner, "Evolution of Genome Size", pp179-199 in *Molecular Evolution*, ed. F. J. Ayala(Sunderland, Mass.: Sinauer Associates, 1976)의 신뢰할 만한 관찰 내용에서 인용했다. 뉴클레오티드 쌍의 위치 AT, TA, CG, GC에 네 가지 치환이 존재한다. 그리고 각 위치에 있는 정보의 양은 $\log_2 4 = 2$비트로 대략 추정될 수 있다. 영어 낱말당 비트 수는 Henry Quastler in "A Primer on Information Theory", pp. 3-49 in *Symposium on Information Theory in Biology*, ed. H.P. Yockey(New York: Pergamon Press)에서 추론했다.

- 곤충 3000만 종이 현존한다는 높은 추정은 처음에는 그럴듯하지 않아 보였지만 Terry L. Erwin, "Tropical Forest Canopies: The Last Biotic Frontier" *Bulletin of the Entomological Society of America*, 29-14-19(1983)는 이것을 신중하게 주장하고 증명했다.

초유기체

- '생태계의 최소 요구량 프로젝트(Minimum Critical Size Project)'에 대한 신뢰할 만한 설명은 Sam Iker, "Islands of Life in a Forest Sea," *Mosaic*(National Science Foundation, Washington), 13:25-30(September-October 1982)가 제시했다. 또 Peter T. White, "Tropical Rain Forests: Nature's Dwindling Treasures," *National Geographics*, 163:2-47(January 1983)은 훌륭한 사진을 함께 실어 아주 간단하게 설명했다.

- 나는 숲의 나무가 저절로 쓰러지는 장면은 한 번도 본 적이 없지만 거대한 열대 우

림의 나무를 동력 사슬톱으로 베는 모습은 여러 번 보았다. 이러한 경험이 아마존 숲에서 일어나고 있는 일을 재현하는 데에 쓰였다.
- 잎꾼개미의 일반 생물학은 Edward O. Wilson, *The Insect Societies*(Cambridge: Harvard University Press, 1971)와 Neal A, Weber, *Garden Ants: The Attines*(Philadelphia: American Philosophical Society, 1972)에 설명되어 있다.

타임머신
- 루이스 아가시와 벤저민 퍼스의 대화 내용은 A. Hunter Dupree's *Asa Gray*(Cambridge: Harvard University Press, 1959)에 나온다. 우리는 그 주제를 알고 있지만 물론 정확히 어떤 말이 오갔는지는 모른다. 하지만 아가시가 그날 저녁 다윈주의에 대해서 한 말("우리 이제 그만 하죠.")은 그레이가 나중에 회상한 바와 같다.
- 아가시와 다윈과 그들의 친구들 사이에 오간 말들은 데이비드 헐(David L. Hull)의 명저 *Darwin and His Critics: The Reception of Darwin's Theory of Evolution by the Scientific Community*(Cambridge: Harvard University Press, 1973)에서 인용했다. 아가시의 이의 제기는 《Atlantic Monthly》(1874)에 아가시 사후에 발표된 논문에서 인용했다.
- 버트런드 러셀의 글은 *The Humanist*, November-December 1982, p39에 다시 실린 인터뷰 내용에서 인용했다.
- Loren R. Graham이 *Between Science and Values*(New York: Columbia University Press, 1981)에서 제한주의자와 확대주의자의 특성을 자세히 묘사했다.
- 큰 결과가 큰 원인을 암시하지는 않는다. 철학자 존 패스모어(John Passmore)가 케임브리지 대학교에서 1982년에 강의할 때 다윈의 중요한 결론에 대해 이런 식으로 표현한 것을 나는 처음 들었다.
- P. H. Barrett, *Metaphysics, Materialism, and the Evolution of Mind: Early Writings of Charles Darwin*(Chicago: University of Chicago Press, 1980)이 다윈의 노트들을 인용한 것을 참조했다
- 현대 제한주의자들의 과학관의 예는 다음의 책들에 나와 있다. John W. Bowker,

"The Aeolian Harp: Sociobiology and Human Judgment," Zygon, 15:307-333(1980); Thedore Roszak, "The Monster and the Titan: Science, Knowledge, and Gnosis," Daedalus, 103:17-32(1974); William Irwin Thompson, The Time Falling Bodies Take to Light(New York: St. Martin's Press, 1981)

파라다이스의 새

• 흰색장식풍조에 대한 설명은 하버드 대학교 비교 동물학 박물관의 표본을 관찰한 것과 William T. Cooper, Joseph M. Forshaw, *The Birds of Paradise and Bower Birds*(Boston: David R. Godine, 1977)에 실린 훌륭한 그림과 생물학적 요약에 토대를 두었다. 나는 1955년에 핀쉬하펜(Finschhafen)과 라에(Lae) 같은 후온 반도의 주요 지역을 탐사했지만 야생에서 흰색장식풍조를 한 번도 보지 못했다. 그러나 흰색장식풍조 여러 마리는 아마 나를 보았을 것이다. 그 이유는 아주 간단하다. 이 지역에서만 300종류나 볼 수 있는 개미를 연구하던 나의 시선은 거의 늘 땅에 고정되어 있었기 때문이다. 한번은 나무 꼭대기에서 새가 높은 음조로 날카롭게 우는 소리를 들었다. 근처에 있던 한 오스트레일리아 생물학자가 "풍조!"라고 외쳤다. 하지만 내가 안경을 고쳐 쓰고 올려보자 새는 이미 날아가 버린 뒤였다.

시적인 종, 인간

• 다비트 힐베르트는 현대 수학의 23가지 근본적인 문제를 제시하는 유명한 논문 "Sur les problèmes futurs des mathématiques," in *Compte rendu du Deuxième Congrés International des Mathématiciens*(Paris, 1900), pp. 58-114에 끊임없는 발견의 절대적인 중요성에 대해 썼다.

• 플랑크에 대해 아인슈타인이 한 말: *Mein Welthild*, ed, Carl Seelig; rev. Sonja Bargmann(New York: Bonanza Books, 1954)을 토대로 한 "Principles of Research", *Ideas and Opinions by Albert Einstein*

• P. A. M. 디랙은 "The Evolution of the Physicist's Picture of Nature.", *Scientific American*, 208:45-53(May 1963)에서 아름다움과 과학적 진리 사이의 관계에 대해 썼

다. 헤르만 바일(Hermann Weyl)은 미학과 진실에 관해 *Nature*, 177:457-458(1956)에 게재된 추모글에 실린 프리먼 다이슨(Freeman J. Dyson)과의 대화에서 인용했다.

• 힐베르트의 말은 William N. Lipscomb, *The Aesthetic Dimension of Science*, ed. Deane W. Curtin(New York: Philosophical Library, 1982)의 "Aesthetic Aspects of Science," pp.1-24에 인용된 것이다.

• 나는 다음 참고 문헌을 이용해, 내가 과학과 비교할 때 예술학과 인문학의 좀 더 공식적인 개념을 썼다. Richard W. Lyman et al., *The Humanities in American Life*, Report of the Commission on the Humanities(Berkeley: University of California Press, 1980); W. Jack Bate, "The Crisis in English Studies," *Harvard Magazine*, September-October 1982, pp.46-53; Paul Oskar Kristeller, "The Humanities and Humanism," *Humanities Report*, January 1982, pp. 17-18.

• 예술의 독립적인 전통에 대해 Roger Shattuck, "Humanizing the Humanities," *Change*, November 1974, pp.4-5을 참조했다.

• T. S. 엘리엇은 *Selected Prose of T.S. Eliot*(New York: Harcourt Brace Jovanovich, 1975)에 실린 "Tradition and the Individual Talent"(1919)에서 시인이 갖춰야 할 원칙에 대해 썼다.

• 옥타비오 파스(Octavio Paz)의 시 "The Broken Waterjar"는 Lysander Kemp가 번역한 *Early Poems*, 1935-1955 Copyright ⓒ 1963, 1973 by Octavio Paz and Muriel Rukeyser. Reprinted by permission of New Directions Publishing Corporation에 나온다.

• 창조적인 과정에 대한 최고의 또 다른 증언은 과학자들과 다른 학자들의 연례 노벨 컨퍼런스 강연에서 찾을 수 있다. 노벨 컨퍼런스는 구스타브 어달퍼스 대학(Gustavus Adolphus College) 교수진이 주관한다. 가장 타당한 내용은 다음과 같다. Creativity, ed. John D. Roslansky(Amesterdam: North Holland, 1970); *The Aesthetic Dimension of Science*, ed. Deane W. Curtin(New York: Philosophical Library, 1982); *Mind in Nature*, ed. Richard Q. Elvee(New York: Harper and Row, 1982)

• 시릴 스미스는 자신의 야금학에 관한 사랑의 근원을 *A Search for Structure; Selected*

Essays on Science, Art, and History(Cambridge: MIT Press, 1981)에서 다시 설명한다.
- 알베르 카뮈(Albert Camus)는 *Lyrical and Critical Essays*(New York: Alfred A. Knopf, 1969)에 다시 실린 *The Wrong Side and the Right Side*의 서문에서 어린 시절의 이미지를 재발견하는 창조적인 우회로의 특성을 묘사했다(카뮈의 책은 『안과 겉』(김화영 옮김, 책세상, 1998)으로 번역되었다. ─ 옮긴이).
- 유카와 히데키는 *Creavity and Intuition: A Physicist Looks East and West*, trans. John Bester(Tokyo: Kodansha International, 1973)에서 유추의 중심적인 기능에 대한 자신의 관점을 제시했다. 아인슈타인은 유추에 관해서 말했다. "실제로는 아무것도 표현하지 않는 피상적인 유추를 찾기는 쉽다. 그러나 외부의 차이점의 이면에 숨겨진 어떤 중요한 특징을 찾고 이를 기반으로 새로운 성공 이론을 형성하는 것은 심오하고 운이 좋은 유추를 통해서 성공적인 이론을 얻는 전형적인 예이다." *The Evolution of Physics*(New York: Simon and Schuster, 1938)
- 로버트 H. 맥아더와 나는 "An Equilibrium Theory of Insular Biogeography", *Evolution*, 17:373-387(1963)를 통해 우리의 중요한 연구를 발표했으며, *The Theory of Island Biogeography*(Princeton University Press, 1967)에 좀 더 자세히 발표했다. 이 이론에 관한 좀 더 최근의 포괄적인 내용과 관련 주제는 Mark Williamson, *Island Populations*(Oxford: Oxford University Press, 1981)에 나온다.
- 이 책은 로스 주교의 글을 인용했으며, M. H. Abrams가 로스 주교 분석의 중요성을, 낭만적인 전통과 문학 비평의 근원의 믿을 만한 평론인 The Mirror and the Lamp(New York: Oxford University Press, 1953)에서 검토했다.
- 리처드 로티(Richard Rorty)는 인간의 철학에 대한 탁월한 비평에서 인간을 시적인 종이라고 설명했다. "예측과 통제에 유용한 단어, 즉 자연 과학의 단어 이외에, 우리의 도덕과 정치적 인생과 예술의 단어가 있으며 예측과 통제를 목적으로 하지 않고 우리 종에 가치 있는 자아 이미지를 주는 모든 인간 활동의 단어가 있다. 우리는 실제로 분명히 진실이나 허위의 문제를 잘 해결할 수 있기 때문에, 자아의 이미지는 종의 특성에 잘 맞지 않거나 틀리다. 우리는 시적인 종으로서, 행동을 바꿈으로써 종 자체를 바꿀 수 있다. 특히 언어적인 행동, 우리가 사용하는 단어를 바꿀 수 있다." "Mind as

Ineffable," pp.60-95 in *Mind in Nature*, ed. Richard Q. Elvee(New York: Harper and Row, 1982)

• 동굴 미술에 대한 훌륭한 설명과 문화 이전 과정에서 동굴 미술의 이용 가능성에 관해서는 John E. Pfeiffer, *The Creative Explosion: An Inquiry into the Origins of Art and Religion*(New York: Harper and Row, 1982)를 참고했다.

• 토머스 킨셀라의 "Midsummer" *Selected Poems*, 1956-1968 (Doublin: Dolmen Press, 1973)

• 리처드 에버하트(Richard Eberhart)의 스탠자(stanza)는 "Ultimate Song", *Collected Poems*, 1930-1976(New York: Oxford University Press, 1976)에서 인용한 것이다.

• 마음과 기억에 관한 연결점-연결 고리 모형 등의 내용은 다음의 문헌을 참고했다. *Cognitive Psychology and Its Implications*, by John R. Anderson(San Francisco: W.H. Freeman, 1980); *Mechanics of the Mind*, by Colin Blakemore(New York: Cambridge University Press, 1977); *Brainstorm: Philosophical Essays on Mind and Psychology*, by Daniel C. Dennett(Montgomery, Vt.: Bradford Books, 1978); *Psychology*, by Gardner Lindzey, C.S. Hall, and R.F. Thompson(New York: Worth Publisher, 1975); *Human Memory: The Processing of Information*, by G.R. and Elizabeth F. Loftus(Hillsdale: Lawrence Erlbaum Associates, 1976), *The Psychobiology of Mind*, by William R. Uttal(Hillsdale: Lawrence Erlbaum Associates, 1978); *Cognitive Psychology*, by Wayne A. Wickelgren(Englewood Cliffs: Prentice-Hall, 1979).

• 벨기에의 심리학자 게르다 스메트(Gerda Smets)는 *Aesthetic Judgment and Arousal: An Experimental Contribution to Psycho-physics*(Leuven, Belgium: Leuven University Press, 1973)에서 다양한 기하학적인 디자인을 통한 다양한 두뇌 각성(arousal) 측정을 보고했다.

• 이 책은 스텔라의 글을 인용했으며, J. Gray Sweeney의 *Themes in American Painting*(published under the auspices of the Grand Rapids Art Museum, Michigan, 1977)이 스텔라의 이 연구를 분석했다.

뱀

- 문화 속의 뱀에 대한 사실 대부분은 발라지 문드쿠르의 *The Cult of the Serpent: An Interdisciplinary Survey of Its Manifestations and Origins*(Albany: State University of New York Press, 1983)을 참고했다. 이 책은 매우 독창적이며 훌륭하다. 나는 뱀에 대한 경외를 오랫동안 생각했지만, 문드쿠르는 이를 예술과 문학의 역사 속의 인상적인 세부 사항으로 기록했다.
- Zeus Meilikhios와 snake-Erinyes에 대한 자세하고 믿을 만한 설명은 Jane Ellen Harrison, *Prolegomena to the Study of Greek Religion*, 3rd ed. (Cambridge : Cambridge University Press, 1922)에 나온다.
- 정신 발달 중에 한쪽으로 치우치게 되는 경향과, 그런 편향과 인간의 본성 및 문화와의 관계의 개념은, Charles J. Lumsden and Edward O. Wilson, *Promethan Fire*(Cambridge: Harvard University Press, 1983)에 좀 더 자세하게 제시되어 있다.

우리 마음속의 거주지

- José Ortega y Gasset, Meditations on Hunting, trans. Howard B. Wescott(New York: Charles Scribner's Sons, 1972). 사냥꾼의 신비한 매력에 대한 다른 훌륭한 고찰은 Paul Shelard, *The Tender Carnivore and the Sacred Game*(New York: Charles Scribner's Sons, 1973), John G. Mitchell, *The Hunt*(New York:Alfred A. Knopf, 1980)에 나온다.
- 내가 채집한 피그미도롱뇽은 *Desmognathus chermocki*이었다. 이 종은 이때부터 좀 더 널리 서식하는 *Desmognathus aeneus*와 공식적으로 통합되었다. *Desmognathus chermocki*를 발견한 Barry D. Valentine도 이 종의 지위에 문제가 있다고 했다. 어떤 경우에도 앨라배마에서 한 현장 관찰은 연검은도롱뇽속 행동의 다양성에 관한한 중요성을 띤다.
- William Mann이 쿠바에서 개미를 채집한 이야기는 "Stalking Ants Savage and Civilized", *National Geographics*, 66:171-192(Agust 1934)에 나온다.
- 세균의 정위와 서식지 선택에 관한 기본적인 연구 내용은 Daniel E. Koshland, Jr.,

Bacterial Chemotaxis as a Model Behabivoral System(New York: Raven Press, 1980)에 훌륭하게 요약되어 있다.

- 사바나 환경이 초기 인류의 발상지라는 증거는 Karl W. Butzer, "Environment, Culture, and Human Evolution," *American Scientist*, 65:572-584(1977), Glynn Isaac, "Casting the Net Wide: A Review of Archaeological Evidence for Early Hominid Land-Use and Ecological Relations," pp. 114-134 in *Current Arguments on Early Man*, ed. L.-K. Königsson(New York: Pergamon Press, 1980) 등 여러 저자들이 제시했다.

- Gordon H. Orians는 "Habitat Selection: General Theory and Applications to Human Behavior," pp. 49-66 in *The Evolution of Human Social Behavior*, ed. Joan S. Lockard(New York: Elsevier North Holland, 1980)에서 심리학적으로 최적인 인간의 환경에 대한 개념을 전개했다. Orians가 인용한 Marcy와 Parker의 일지 표제는 Public Document 577 of the 31st Congress(1849)에 나온다.

- 모래 폭포의 은유는 『백경』 제1장에 나온다. 허먼 멜빌은 환경에 대한 태생적인 미적 감각과 특히 바다의 강렬한 매력을 이해한 몇 안되는 작가에 속한다. "자, 당신이 호수가 많은 산지를 찾아가 좋아하는 오솔길을 걷는다고 하자. 그러면 결국 십중팔구 당신은 깊은 골짜기 냇물이 흐르는 웅덩이 옆에서 걸음을 멈추게 될 것이다. 거기에는 마력이 있다. 가장 쉽게 방심하는 유형의 사람을 유인하여 그를 깊은 환상 속에 빠지게 하자. 또 그를 두 다리로 서게 하여 한 발 앞으로 나가게 해 보자. 그 지방에 물이 있는 한 그는 분명히 물가로 걸어갈 것이다." 열망은 아주 일반적인 종류로서 많은 범주의 생각의 상징을 낳는다. "그것은 생명의 감지할 수 없는 환영이며, 모든 사물의 열쇠이다."

- Cyril S. Smith, *A Search for Structure: Selected Essays on Science, Art, and History*(Cambridge: MIT Press, 1981), p355

- 우주 식민지화와 모든 것을 자기 완결적으로 갖춘 우주 정거장 개념을 처음 고찰해 발표한 것은 오닐이 *Physics Today*(1974)에 발표한 논문이다. 오닐은 저서 *The High Frontiers: Human Colonies in Space*(New York: Bantam Books, 1976)에서 이 개념을

더 길게 전개했다. 또한 훌륭하고 대중적인 설명은 T. A. Heppenheimer in *Colonies in Space*(Harrisburg: Stackpole Books, 1977)에 나온다. *Space Colonies*, ed. Stewart Brand(New York: Penguin Books, 1977)에 대해 물리학자, 생태학자 등이 부연하고 비판하는 글을 썼는데 그중 일부는 비판이 꽤 심각했다.

생명의 윤리

• Aldo Leopold, "The Land Ethics," *A Sand County Almanac and Sketches Here and There*(New York: Oxford University Press, 1949)

• Norman Myers, *The Sinking Ark*(Elmsford: Pergamon Press, 1979), Paul R. and Anne Ehrlich, *Extinction: The Causes and Consequences of the Disappearance of Species*(New York: Random House, 1981)는 멸종 가속화와 그것이 인류에 끼치는 위험을 훌륭하게 기록했다. Peter H. Raven을 비롯한 과학자들은 National Research Council reports 세 편: *Conversion of Tropical Moist Forests(1980); Research Priorities in Tropical Biology*(1980); and *Ecological Aspects of Development in the Humid Tropics*(1982)에서 이를 더 자세하게 고찰했다.

• Tel Dan(Tel el Kadi), in the Hule Valley of Israel의 희귀한 식물상에 대한 정보는 Jehoshua Kugler와 Eviatar Nevo 덕분에 얻었다. Madhav Gadgil and V.D. Vartak, "The Sacred Groves of Western Ghats in India," *Economic Botany*, 30:152-160(1974)이 계획에 없는 자연 보호 구역으로서 성림의 역할을 설명했다.

• 미국에서 보존 윤리의 근원에 대한 최고의 역사적인 개관은 아마 Donald Fleming's "Roots of the New Conservation Movement," pp.7-91 in *Perspectives in American History*, vol.6, ed. Donald Fleming and Bernard Bailyn(Lunenburg: Stinehour Press, for the Charles Warren Center for Studies in American History, Harvard University, 1972)일 것이다. Roderick Nash는 고전 *Wilderness and the American Mind*, rev. ed.(New Haven: Yale University Press, 1973)에서 특히 이 황야 개념을 고찰했다.

• Gordon M. Burghardt and Harold A. Herzog, JR., "Beyond Conspecifics: Is Brer Rabbit Our Brother?," *BioScience*, 30:763-768(1980)는 보존 윤리에 도움이 된 확장

된 혈연 관계 개념을 체계적으로 고찰했다.

- Paul Raeburn은 "An Uncommon Chimp,", Science 83, 4:40-48에서 피그미침팬지의 생물학과 지위를 설명했다.
- Peter Singer, *The Expanding Circle: Ethics and Sciobiology*(New York: Farrar, Straus and Giroux, 1981). Christopher D. Stone, *Should Trees Have Standing? Toward Legal Right for Natural Objects*(Los Altros: William Kaufmann, 1974).
- 개릿 하딘의 윤리 철학에 대한 접근법은 *The Limits of Altruism: An Ecologist's View of Survival*(Bloomington: Indiana University Press, 1977)에 간결하게 표현되어 있다.
- 식용 열대 식물에 대한 예는 노먼 마이어스의 중요한 백과 사전적인 설명, *A Wealth of Wild Species: Storehouse for Human Welfare*(Boulder: Westview Press, 1983)에서 따왔다.
- 토마스 아이스너는 종을 유전적인 루스리프 공책에 비유했다. 그가 준비한 설명은 *The Congressional Record*, vol.128(April1, 1982)에 발표되었으며 *Natural Areas Journal*, 2:31-32(1982)에 다시 실렸다.

수리남

- 1982년 12월, 수리남 조류의 사회적 행동을 연구하는 젊은 조류학자 피처드 프럼(Richard Prum)은 내 요청에 따라 베른하르츠도르프에 갔다. 프럼은 자세하게 기록하고 사진을 찍었으며 주민 몇 명과 이야기도 나누었다. 그 후 우리는 만나서 내가 베른하르츠도르프를 방문한 이후 20년 동안 발생한 변화를 재구축했다. 수리남에서 발생한 최근의 정치적 사건들, 특히 보우테르세의 정권 탈취와 1982년의 처형은 국제 앰네스티의 보고서("Urgent Action,"December 13, 1982, January 11, 1983; *Amnesty International Report*, 1983, Amnesty International Publication, London, 1983)와 "Accounts of Mutes," *Times*, May 30, 1983을 기초로 했다. 이 두 가지 이야기에 이용된 정보의 출처는 최소한 일부는 독자적이다. 국제 앰네스티는 인권 침해와 관련해 수리남 정부와 나눈 대화의 세부 사항뿐만 아니라 희생자들의 전체 명단도 제공했다. 수리남 정부의 행동은 어느 면으로는 공평했다. 희생자들 중에는 보우테르세 자신의 지

방 군사령관이자 공산주의 주간지 《모크로(*Mokro*)》의 기자인 브람 베르(Bram Behr)
도 포함되었다.

감사의 말

이 책을 쓸 때 기술적으로 지원해 주고 믿을 만한 조언을 해 준 다음 동료와 친구들에게 감사의 마음을 전한다. 모든 지원과 조언을 이 책에 전부 반영하지는 못했다는 점을 양해해 주길 바란다. 프리먼 다이슨, 제럴드 홀튼(Gerald Holton), 조슈아 쿠글러(Jehoshua Kugler), 윌리엄 N. 립스콤(William N. Lipscomb), 토머스 러브조이, 찰스 J. 럼스든(Charles J. Lumsden), 피터 말러(Peter Marler), 마빈 L. 민스키(Marvin L. Minsky), 에비에타 느보(Eviatar Nevo), 고든 H. 오리언스(Gordon H. Orians), 레이먼드 A. 패인터 2세(Raymond A. Paynter, Jr.), 리처드 프룸(Richard Prum), 글렌 로우(Glenn Rowe), 조슈아 루벤스타인(Joshua Rubenstein), 마이클 루스(Michael Ruse), 수 새비지 럼보, 라일 K. 소울스(Lyle K. Sowls), J. 그레이 스위니(J.Gray Sweeney), 제임스 H. 텀린슨(James H. Tumlinson), 배리 D. 발렌타인(Barry D. Valentine), 어니스

트 E. 윌리엄스(Ernest E. Williams), 레니 윌슨(Renee Wilson). 또 이 책은 나의 다른 어떤 책들보다도 사적이기 때문에, 하버드 대학교 출판부의 직원들이 15년 동안 협력하며 이 책에 기울인 노력과 신뢰에 따뜻한 감사의 마음을 전해야 마땅하다고 생각한다. 하버드 대학교 출판부 직원들과의 좋은 관계 덕분에 이 글을 쓰는 내내 즐거웠으며 글쓰기의 고통을 거의 잊을 수 있었다.

찾아보기

가
가세트, 오르테가 이 158
간균 35
간디, 인디라 191
감마글로불린 32
감수 분열 75
갓길, 마다브 191
개간 49
개체군 48~49, 75~76, 110
개체수 48~49
거리 효과 113
거미 27
검은채찍뱀 147
겉씨식물 86, 190
경계음 신호 143~145
계몽주의 83
고르곤 135
고릴라 185
고산왈라비 86
공간 효과 113
공룡 80, 86, 186
공생 관계 25
공생 버섯 60
공존 27
공진화 25
과학 만능주의 82
구균 35
국제 자연 보호 연맹(IUCN) 10
군체 35, 59, 64~66
균사 60
그레이, 아사 70~71, 79
그레이엄, 로렌 79
근연종 148

기간티옵스 데스트룩토르 44
기계 문명 31
기계 사랑 175
기생 동물 25
긴꼬리원숭이 143~144
긴카쿠지 173
꼬리춤 39~40
꿀벌 20, 38~41

나
나무좀류 27
나트릭스 리기다 139
나폴레옹 3세 71
낙엽송 75
날개콩 199
내이 72
네토, 파울로 노구에이라 51
네헵카우 152
녹색 식물 25
뇌간 149
뉴클레오티드 서열 36, 41
뉴턴, 아이작 83
늪살무사 141~143
니콜스, 제시 158

다
다윈, 찰스 로버트 53, 70~71, 78~81, 96
다윈주의 77
다이메틸피라진 57
다이슨, 프리먼 103
다이아몬드방울뱀 138

233

다족류 80
단기 기억 72~73
단백질 73
달, 제러미 194
달링턴, 필립 211
대뇌 변연계 72
대뇌 피질 72, 158
대리 친족 191
대장균 164
뎅기열 31
도룡뇽속 158~159
동굴개미 44
동물 해방 197~198
동아 199
동적 평형 112
돼지코뱀 136~137
두정엽 피질 73
뒤보스, 르네 166
듀프리, A. 헌터 71~72
디랙, 폴 에이드리언 모리스 98
딱정벌레 27
띠뱀 135

라

라마누잔, 수리니바사 123~124
라이엘, 찰스 79
러브조이, 토머스 47
러셀, 버트런드 80
레오폴드, 알도 182, 184
로드 아일랜드 85
로런스, 데이비드 허버트 118
로모코 숲 194
로스 주교 117
로작, 시어도어 83
로지 페리윙클 201
로크, 존 81
로티, 리처드 117
롱펠로, 헨리 워즈워스 70, 96
루시 193
리만 기하학 99
리슈만편모충증 32
리오디테스속 136
린네, 칼 폰 205, 207

마

마나사 151
마다가스카르 145
마르스, 리오 30
마름뇌 72
마시, R. B. 170
마이어스, 노먼 199
마인드스케이프 126
마크로미스카 휠레리 159
만, 윌리엄 159
말라리아 135
말이집 38, 74
매너티 185
맥아더, 로버트 108~113, 116, 120
메르쿠리우스 151
메스키트나무 170
메일리키오스 153
멜빌, 허먼 30
멸종 속도 185
명나방 26
모라비나이 191
모세 혈관 25, 27
목도리페커리돼지 19~20
몬테베르데 운무림 보존 지구 9
무당거미속 135
무타독사 148
문다마 151
문드쿠르, 발라지 151
물뱀 139~140
므두셀라 160
미국 기술 평가국(OTA) 8
미국 예술 과학 아카데미 70~71
미국 항공 우주국(NASA) 94
미모사 관목 170
미소 환경 36
미학 165
민코프스키, 헤르만 99

바

바부사야자나무 200
바이러스 31
바이킹 탐사선 93
바일, 헤르만 98
반졸리니, 파울로 51
뱀 공포증 143~146

버틀러, 찰스 41
버팔로그래스 170
벌집 39
법정 7
베르니케 영역 73
베르베트원숭이 143~144
베르코르 43
벼룩파릿과 37
병정개미 61
병행 연구 121
보아뱀 133
보우테르세, 데시 214
보커, 존 83
보호 구역의 크기 50~52
복희 151
부식 동물 21, 24
북아메리카딱새 163
분자 생물학 77, 105
분화 27
붉은눈비리오 75
브로카 영역 73
비단구렁이 143
비어슈타트, 앨버트 29
비치그래스 75
빈블라스틴 201
빈크리스틴 201
빙하기 30

사

사고 실험 69
사라마카 강 17, 28, 31
사바나 17, 165~169
사불상 190
사슴쥐 163
사우바(잎꾼개미) 55
사탕단풍 75
사회성 곤충 20, 58
사회성 유제류 19
산호뱀 136
살무사아과 141, 148
삼일열 32
상아부리딱따구리 135
새비지, 제이 9
새비지럼보, 수 193, 195
생명력 82

생물 다양성 8, 43, 49, 186, 199
생물 지리학 108, 111
생물계 28
생물권 76
생물학의 계층 구조 76~77
생태계 75
생태계 최소 규모 프로젝트 47
생태적 지위 27
생태학적 시간 75
생화학적 시간 74
생활사 25
샤가스병 32
섀틱, 로저 100
서로, 폴 21
서식지 선택 162
선충류 36
선형동물 34
성전산 22
세계 야생 생물 기금(WWF) 47~48
세계 자연 보호 재단 8
세렌디퍼티 베리 201
세미나트릭스속 136
세발가락나무늘보 26~27
세이건, 칼 93
세포 72
세포성 점균 34
셀룰로오스 60
셀케트 152
셸리, 메리 1296
소철류 86
소택지 75
소포클레스적 결함 175
속효성 살충제 42
수개미 63~64
수관 18, 41~42, 54
수용 역치 27
수정낭 64
순다 해협 115
스메트, 게르다 124~125
스미스, 시릴 105, 174
스미스소니언 열대 연구소 206
스미스소니언 자연사 박물관 42
스텔라, 조지프 127
스토, 찰스 퍼시 83
스톤, 크리스토퍼 197
시시우틀 133

시우코아틀 152
신경 세포 38, 72~73, 77, 149
신생대 23
신생아 125
심프슨, 조지 111
싱어, 피터 196

아

아가시, 루이스 69~79, 96
아나콘다 233
아놀리스도마뱀 160
아라와크 족 13, 18~19, 213
아레스 153
아론, 헨크 214
아마조니아 국립 연구소 206
아마존 분지 17
아메리카팔메토 134
아메바 66
아메바성 이질 32
아미노산 31
아상블라주 168
아스다롯 151
아스텍개미 9
아우렐리우스, 마르쿠스 217
아이스너, 토마스 203
아인슈타인, 알베르트 69, 97, 99
아크로미르멕스속 62
아타속 62
아프리카가분살무사 136
악키스트로돈속 136
알칼로이드 201
야쿠트 족 151
양서류 80
양전닝 103
어윈, 테리 42
언어 통합 중추 73
에리니에스 153
에머슨 96
에머슨, 버너드 에드워드 70
에버하트, 리처드 118, 120
에우리피데스 153
에크리나목 34
엘리엇, 토머스 스턴스 100, 124
여와 151
여왕개미 44, 62~66

여우원숭이 145
여행비둘기 135
연결점-연결 고리 모형 121~122
영장류 143, 149
예니세이오스탸크 족 151
예루살렘 22
예이츠, 윌리엄 126
오닐, 제라드 176
오리노코 분지 17
오리언스, 고든 166
오스트랄로피테쿠스 아파렌시스 193
올린 나휘 152
왕개미 24
요제프, 프란츠 71~72
우아함 98
우주 식민지 176~178
우즈 홀 해양 생물학 연구소 206
운동 피질 73
운무림 86
원시림 49
위족 66
윌버포스 주교 196
유기체적 시간 72
유럽다비드 148
유전자군 75
유카와 히데키 107
유혈목이속 136
윤충 35
은행나무 190
음유 시인 118
이데아 80
이명법 207
이오니아 217
이타주의 27
인간 본성 154, 178
인간 유전체 계획 7
인공 사바나 168
인도사목 201~202
인드라 151
인지 심리학 103, 121
일개미 37, 44, 55~61
일본식 정원 168~169
잎꾼개미 55~67

자

자기 복제 131
자기 조직화 81
자낭균 효모 34
자라카라 148
자분정 141
자실체 35
자연 선택 27, 81~82, 88, 183
잔더레이층 17
장기 기억 72, 121
저작근 141
전뇌도 124
점성 아조토박터 35
정신 분석학 131, 150
정원의 기계 딜레마 30, 82~83
정위 162~163
정형 정원 173
제유 102
제1원리 79
제한주의자 79
조물주 78~79
존슨, 새뮤얼 118
좀 27
종 평형 이론 115~116
종의 다양성 27~28, 205
주파계목 34
주혈흡충증 32
주홍왕뱀 136
준생명 174
중간뇌 72
중산간 삼림 87
진화 생물학 77
진화론적 현실주의 183
진화적 시간 76
질먼, 에이드리엔 194
짝짓기 철 88

차

착생 식물 86
처치, 프레더릭 에드윈 29
천재성 123
청각 신경 72
청각 피질 72
청개구리 159
청색모기 24

초월론 78
초유기체 66~67
축삭 38
출혈성 쇠파리낭종 32
침노린재속 31
침팬지 145~146, 193, 196

카

카두케우스 151
카뮈, 알베르 105
카스트로, 피델 188~189
카템페 201
칸지 193~195
캐롤라이나잉꼬 135
캥거루 162
커, 워윅 51
케이먼 133
케임브리지 과학 클럽 70
케찰코아틀 152
코리네포름균 35
코브라 143, 148
코뿔소 185
코아틀 152
코아틀리쿠에 152
콘도르 185
콜, 토머스 29
콰키우틀 족 151
큐티클 37
크라이세 평원 94~95
크라카토아 114~115
크립토세스 콜로이피 26, 34
큰채찍뱀 138
클로라퀸 32
키츠, 존 83, 118
키트리드 34
키콰틀리 152
키후아코아틀 152
킨셀라, 토머스 5, 119

타

터보, 존 51
테니스, 앨프레드 83
테오신트 204
토양 점균 34

톰프슨, 윌리엄 어윈 83
통과 의례 160
투안이푸 31, 166
트리니다드 43
틀라록 152

파

파란시아속 136
파스, 옥타비오 101~102
파이톨리움 202
파젠다 에스테이오 숲 53
파충류 130
파커, W. P. 170
파푸아 섬 87
판근 87
팔루루콘 133
퍼스, 벤저민 69~75
퍼프 애더 143
페커리 19~20, 23
편모 164
폐어 80
포, 에드거 앨런 30
포낭충증 32
포식 동물 21, 24~27, 32, 34
폴리비우스 79
폴리안줌 35
폼페이 168
푸앵카레, 앙리 103
풀살무사 148
프로이트, 지그문트 150
프리슈, 카를 폰 38~39
플라스, 프랑수아 10
플라이스토세 189
플랑크, 막스 97
피그미도룡농 158~159
피그미방울뱀 136, 140~141, 193~195
피카소, 파블로 102
필라리아증 32

하

하디, 고드프리 해럴드 123
하딘, 개릿 198
하이젠베르크, 베르너 103
학질 31

핵전쟁 184
행동주의 103
허친슨, 조지 에벌린 110
헉슬리, 토머스 헨리 97
현생 인류 43
형제애 197~198
호메로스 118
호모 사피엔스 43
호모 하빌리스 155
혼돈의 체제 24
홀데인, J. B. S. 103
홉스, 토머스 33
화성 93~94
화이트, 마이클 J. D. 191
확대주의 82
확대주의자 79~80
환경 보존주의 181
활성화 확산 122
활엽수림 75
황금두꺼비 9
황열병 32, 135
회색곰 49
회선사상충증 32
횡격막 74
효소 73
후각뇌 158
후건 긍정의 오류 113
후커, J. D. 78
후프뱀 137~138
휠러, 윌리엄 모턴 159
휠러, 존 103
회색장식풍조 87~90
흰개미 20~21, 50
히말라야원숭이 144
힐베르트, 다비트 96, 99

안소연

성균관 대학교 생물학과를 졸업하고 같은 대학교 번역 대학원을 졸업했다. 전문 번역가로서 CNN 뉴스와 BBC 뉴스, KBS 「동물의 세계」외 다수의 다큐멘터리를 번역했다. 옮긴 책으로는 『숲에 사는 즐거움』, 『멸종의 역사』, 『에덴의 진화』, 『탐험의 시대』, 『풀 위의 생명들』, 『세계를 속인 200가지 비밀과 거짓말』, 『머리가 좋아지는 과학놀이 200』 등이 있다.

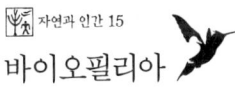

자연과 인간 15

바이오필리아

1판 1쇄 펴냄 2010년 11월 10일
1판 7쇄 펴냄 2025년 9월 15일

지은이 에드워드 윌슨
옮긴이 안소연
펴낸이 박상준
펴낸곳 (주)사이언스북스

출판등록 1997. 3. 24.(제16-1444호)
(06027) 서울특별시 강남구 도산대로1길 62
대표전화 515-2000, 팩시밀리 515-2007
편집부 517-4263, 팩시밀리 514-2329
www.sciencebooks.co.kr

한국어판 ⓒ (주)사이언스북스, 2010. Printed in Seoul, Korea.
ISBN 978-89-8371-539-5 04990
ISBN 978-89-8371-525-8 (세트)